Die Tierwelt in Heilkunde und Drogenkunde

Von

Dr. Hjalmar Broch
Dozent für Zoologie an der Universität Oslo

Übersetzt aus dem Norwegischen

Mit 30 Abbildungen

Berlin
Verlag von Julius Springer
1925

ISBN-13: 978-3-642-89573-9   e-ISBN-13: 978-3-642-91429-4
DOI: 10.1007/978-3-642-91429-4

Vorwort.

Eine kurz gefaßte Darstellung der hygienisch und drogentechnisch wichtigen Seiten der Zoologie fehlt uns bisher gänzlich,
ein Übelstand, der sich besonders für die Pharmaziestudierenden
fühlbar gemacht hat, die sowohl in Hygiene wie auch in Material-
kunde unterrichtet sein müssen. Eine Zoologie, die diesem Übelstand abhelfen soll, mußte also unter Berücksichtigung beider
Gesichtspunkte geschrieben werden: Es mußten einerseits die
Biologie der hygienisch wichtigen Tiere andererseits die drogentechnisch verwerteten Tierarten und ihre Erzeugnisse kurz er-
örtert werden. Dem hatte sich natürlich eine kurze Übersicht
der geschlossenen (endokrinen) Drüsen und ihrer Leistungen an-
zuschließen, auf denen so viele neue Präparate der Organotherapie beruhen. Insofern die bisher vorliegenden Darstellungen
für Nichtfachleute meist zu umfangreich sind, es an einer ge-
meinsamen Übersicht über die hygienische und technische Zoologie aber noch durchaus fehlt, dürfte eine solche kurz gefaßte
Darstellung der medizinisch und drogentechnisch wichtigen Tiere
das Interesse auch weiterer Kreise finden.

Bei der Ausarbeitung des vorliegenden Buches ist mir mein
bewährter Freund Dr. med. et phil. WALTHER ARNDT am Zoolo-
gischen Museum zu Berlin in jeder Weise mit Rat und Tat be-
hilflich gewesen. Bei der Ausarbeitung des organotherapeutischen
Abschnittes haben mich der Physiologe Dr. med. P. W. K. BÖCK-
MANN (Oslo) und der Pharmakologe Dr. phil. A. JERMSTAD (z. Z.
Basel) unterstützt. Es sei mir an dieser Stelle erlaubt, den ge-
nannten Herren meinen herzlichen Dank auszusprechen. —
Schließlich spreche ich auch der Verlagsbuchhandlung JULIUS
SPRINGER meinen besten Dank aus, die die deutsche Ausgabe des
Buches liebenswürdigerweise ermöglicht hat.

Oslo, im Oktober 1925.

HJALMAR BROCH.

Inhaltsverzeichnis.

Einleitung.

Das Grundelement, die Einheit im Tier, wird von der Zelle gebildet. Diese letztere ist nicht, wie der Name anzudeuten scheint, eine kleine Kammer, sie besteht vielmehr in ihrer ursprünglichen Form (Abb. 1) aus einem kleinen, abgegrenzten Klümpchen von „Protoplasma“, einer zähflüssigen, schleimähnlichen Substanz. Chemisch setzt sich das Protoplasma aus komplizierten Eiweißverbindungen zusammen, deren Konstitution bisher noch kaum in ihren Grundzügen aufgeklärt werden konnte. Zum lebenswichtigen Bestand des Protoplasmas gehören sodann bestimmte Salze und Lipoide (fettähnliche Stoffe), wahrscheinlich auch Zucker, sowie eine bestimmte Menge Wasser. In dem Protoplasmaklümpchen eingeschlossen finden wir ein eigentümlich gebautes, kleineres Körperchen, den „Zellkern“, und neben diesem unter Umständen noch das winzig kleine „Zentralkörperchen“; das letztere ist besonders dann sichtbar, wenn die Zelle in Teilung begriffen ist.

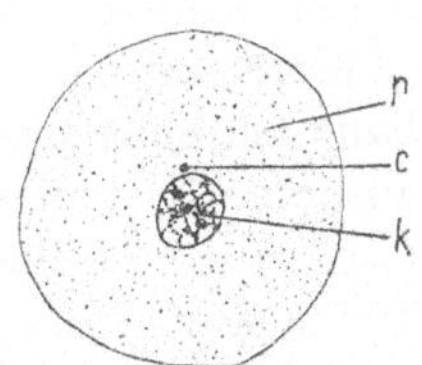

Abb. 1. Schema einer Zelle; p der Protoplasma leib; k Zellkern; c Zentralkörperchen (das letztere spielt während der Zellteilung eine große Rolle, ist aber sonst meist nicht nachzuweisen).

Die Zelle ist befähigt, Nahrung aufzunehmen und zu wachsen oder die aufgenommene Nahrung in Energie umzusetzen, die in Gestalt von verschiedenartigen Lebensäußerungen in Erscheinung tritt (z. B. Bewegungen). Energie wird durch den Stoffwechselprozeß gewonnen: Es werden die zusammengesetzten Nahrungsstoffe, die aufgenommen wurden, chemisch abgebaut und die Oxydationsprodukte (z. B. Kohlensäure) und stickstoffhaltigen Abbauprodukte (z. B. Harnstoff und Harnsäure) ausgeschieden. Die Zelle ist mit anderen Worten befähigt, Stoffe aufzunehmen und sich einzuverleiben (zu assimilieren), sodann Stoffe zu zersetzen (zu dissimilieren) und abzugeben. Sie verbraucht bei den Oxydationsprozessen Sauerstoff; den Kreislauf des Sauerstoffes im

Organismus (Sauerstoffaufnahme, Oxydationsprozeß und Ausscheidung von Kohlensäure und Wasserdampf) bezeichnet man als die „Atmung" („Respiration").

In der elementaren und doch höchst entwickelten Form, in der eine Zelle, völlig selbständig auftretend, einen ganzen, geschlossenen Organismus bildet (einzellige Tiere, Protozoen), vollführt sie sämtliche Lebensfunktionen. — Unter günstigen Lebensbedingungen wird die Assimilation des Protozoons größer als die Dissimilation sein, d. h. die Zelle wächst. Das Wachstum setzt sich aber nur bis zu gewissen Grenzen fort, dann teilt sich die Zelle in zwei oder mehrere Zellen (Vermehrung). Zuzeiten geschieht eine eigentümliche „Verjüngung" der Substanz durch eine Verschmelzung zweier Individuen (geschlechtliche Vereinigung). An sie schließt sich gewöhnlich Vermehrung an, die wir auch als „Fortpflanzung" bezeichnen. Die geschlechtliche Verschmelzung läuft bei einzelligen Tieren sehr gewöhnlich in ein Ruhestadium aus, eine „Dauerspore", die, in der Lage weniger günstige Verhältnisse zu überstehen, aufblüht und sich vermehrt, wenn bessere Zeiten kommen.

Schon bei den einzelligen Tieren finden wir mitunter, daß sich einige der Zellindividuen spezialisieren können. Das tritt deutlich zutage, wenn die Fortpflanzung bevorsteht, insofern sich dann bei vielen Arten einige der Individuen in weniger bewegliche und verhältnismäßig große, die weiblichen Individuen ($\mathcal{Q}$) umwandeln, andere dagegen, die männlichen ($\mathcal{O}^{7}$), klein und stark beweglich werden. Die Zellen behalten dabei aber hier ihre Individualität als völlig selbständige Organismen bei.

Ganz anders gestalten sich die Verhältnisse bei den mehrzelligen Tieren. Hier spezialisieren sich die Zellen, um einzelne Funktionen in größerer Vollkommenheit auszuüben; dafür verzichten sie teilweise oder völlig auf andere Funktionen und somit auch auf ihre individuelle Selbständigkeit. Bei den mehrzelligen Tieren, den Metazoen, wird das Individuum mithin von einer Zellengemeinschaft gebildet, deren einzelne Zellen als Glieder zu einer höheren Einheit eingegangen sind und die ein selbständiges, von der Masse der Genossen getrenntes Leben nicht mehr führen können. Je nachdem sich die Zellen nunmehr in ihren Funktionen spezialisieren und umgebildet werden (Abb. 2), bilden sie die Grundlage mehr oder weniger scharf ausgeprägter Gewebe und

Organe. Die G e w e b e werden aus gleichartigen Zellen zusammen-
gesetzt; wir unterscheiden mehrere Gruppen von Geweben. Die
nach geläufiger Anschauung primitivste Gruppe wird von den
Epithel- oder Deckgeweben gebildet, die sich aus wenig umge-
bildeten, gleichartigen Zellen ohne Zwischensubstanz zusammen-
setzen. Die Nervengewebe
zeigen stärker umgebildete
Zellen mit langen fadenför-
migen, oft verzweigten Aus-
läufern, die Sinneseindrücke
nach der Zelle leiten und
Impulsen von der Zelle nach
den verschiedenen Teilen des
Organismus als Bahn dienen.
Die Muskelgewebe überneh-
men die schnellen und wirk-
sameren Bewegungen; die
einzelnen Muskelzellen sind
in fadenförmige Gebilde umgewandelt, deren einzige
Funktion bei der Spezialisierung als Kontraktion und
Streckung der Länge nach
festgelegt wurde. — Die Zwischenräume zwischen den
bisher genannten Geweben
werden von Stütz- und Bindegeweben ausgefüllt, in denen
die Zellen zwar vielerlei von
ihrem ursprünglichen Typus
beibehalten, andrerseits aber
zwischen sich eine Zwischensubstanz ausscheiden, die

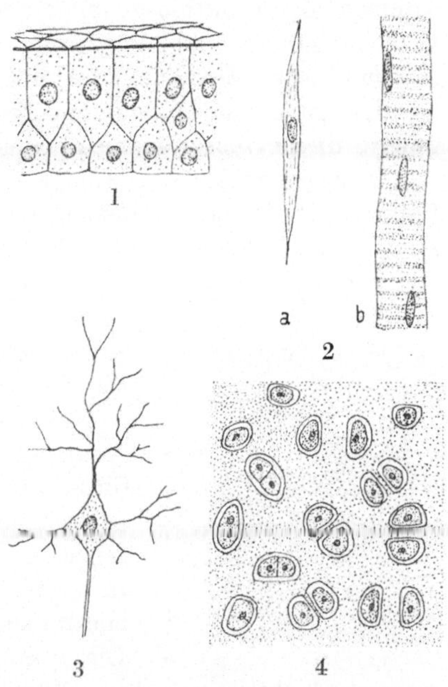

Abb. 2. Zellen und Gewebe. *1* Epithelgewebe
(unterhalb des horizontalen Striches sieht man
einen senkrechten Schnitt durch die Epithel-
schicht, darüber einen Teil der Oberfläche).
2 Muskelzellen, *a* eine glatte Muskelzelle (wirkt
langsamer, aber kräftig und bildet Muskulatur,
deren Bewegung nicht vom Willen des Tieres
abhängt); *b* ein Teil einer willkürlichen, quer-
gestreiften, mehrkernigen Muskelzelle. *3* Nerven-
zelle. *4* Schnitt durch Knorpel; die einzelnen
Zellen durch wohlausgebildete Zwischensubstanz
getrennt.

dann dem einzelnen Stütz- oder Bindegewebe seinen Charakter gibt.
Von den Stützgeweben verdienen besonders das Knorpelgewebe
und das Knochengewebe Erwähnung, die den Hauptbestandteil
des Wirbeltierskelettes bilden, und die damit die Form und Bewegung des Körpers bestimmen. Auch die Bindegewebe haben
mehrere Typen aufzuweisen wie das fibrilläre Bindegewebe, das

gallertige Bindegewebe, das Fettgewebe usw. Den Bindegeweben kann man das Blut angliedern, in dem die Zellen (die Blutkörper) in der Blutflüssigkeit (dem Blutplasma) suspendiert auftreten.

Verschiedene Gewebe treten zur Bildung von Organen zusammen, die Funktionsgruppen übernehmen: die Gliedmaßen die Ortsbewegungen, die Verdauungsorgane die Verarbeitung der Nahrung usw. Einzelne Teile größerer Organe können wiederum Spezialorgane mit besonderem Funktionskreise bilden. Wir tun gut, in diesem Zusammenhang unsere Aufmerksamkeit noch auf die Drüsen zu lenken. Einige Epithelzellen haben die Sonderfunktion, Stoffe auszuscheiden, die entweder für den Organismus nützlich sind (Sekrete), oder die als flüssige Abfallstoffe des Stoffwechsels aus dem Organismus entfernt werden (Exkrete). So finden wir im Verdauungskanal Becherzellen (Abb. 3) und andere Drüsenzellen, die Säuren, Enzyme und anderes zur Verflüssigung und Aufschließung der Nahrungssubstanzen sezernieren, so daß diese von den assimilierenden Zellen aufgenommen werden können. Solche Drüsenzellen treten wiederum gruppenweise in einfache (d. h. unverzweigte) oder zusammengesetzte Drüsen zusammen.

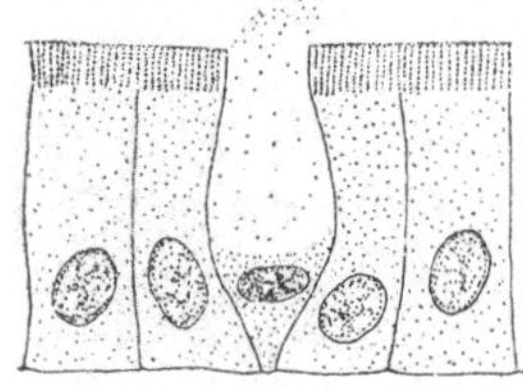

Abb. 3. Eine Schleimzelle (einzellige Drüse) im Darmepithel. Wegen der besonderen Form der Zelle wird sie gewöhnlich als „Becherzelle" bezeichnet.

Die zusammengesetzten Drüsen können mehrere Funktionen haben. Die Drüsenprodukte besitzen z. T. für den Organismus derartig vitale Bedeutung, daß schon die geringste Verschiebung der funktionellen Stabilität schwerste Krankheit verursacht. — Manche Drüsen besitzen einen Ausführgang (exokrine oder offene Drüsen), bei anderen fehlt der Ausführgang (endokrine oder geschlossene Drüsen). Die Sekrete werden bei letzteren direkt in die Körperflüssigkeiten (Blut, Lymphe) übergeführt. Einige zusammengesetzte Drüsen stellen eine Vereinigung offener und geschlossener Drüsenteile dar. Das Studium der physiologischen Verhältnisse der geschlossenen Drüsen hat während der letzten Jahrzehnte der Medizin neue Wege gebahnt und uns eine ganze Reihe neuer Heilmittel gebracht, die sich beständig vergrößert. Wir werden in einem späteren Abschnitt auf diese Seite zurückkommen. —

Will man die Bedeutung der Tierwelt für die Medizin richtig
einschätzen, so genügt es nicht, die systematische Gruppierung
der Tiere und deren Bau kennen zu lernen. Es sind in erster Reihe
die rein biologischen Seiten, die studiert werden müssen, die Beziehungen der Organismen zueinander, ihre besonderen Lebensbedingungen und Eigentümlichkeiten und die daraus entspringen-
den direkten und indirekten Nutz- und Schadwirkungen dem
Menschen gegenüber.

In rein hygienischer Beziehung sind dabei jene Phänomene
die wichtigsten, die wir als das Schmarotzertum zusammen-
fassen. Wissenschaftlich definiert ist ein Parasit ein Organismus, der sich für kürzere oder längere Zeit auf
oder in einem anderen lebenden Organismus (dem
Wirtsorganismus) aufhält, um sich von dessen Kör-
per- oder Nahrungsstoffen zu ernähren. Im popu-
lären Sinne zählt man zu den Schmarotzern auch solche Tiere,
die uns — wie Ratten und Fliegen — durch ihre Anwesenheit in
unseren Häusern beeinträchtigen, ohne daß sie auf den menschlichen Körper als Nahrungsquelle angewiesen wären. Wir werden
später wiederholt erörtern, wie solche „Pseudoparasiten“ eine
verhängnisvolle hygienische Rolle spielen, wenn man sie auch
wissenschaftlich zu den „Kommensalen“ des Menschen rechnen
muß, d. h. zu Organismen, die, die menschliche Wohnung teilend,
mit deren Besitzer innig zusammenleben, ohne daß man jedoch
sagen kann, daß sie vom Menschen abhängig sind.

Die Parasiten können in Außenschmarotzer (Ekto-
parasiten) und Binnenschmarotzer (Entoparasiten) gesondert
werden. Beim ersten Anblick möchte diese Einteilung als eine recht
scharfe erscheinen; Schwierigkeiten zeigen sich aber sehr bald, wenn
wir etwa an solche Schmarotzer denken, die von außen zugängliche
Hohlräume des Wirtstieres bewohnen (Kiemenhöhlen, Atmungsorgane usw.). — Eine andere Überlegung führt uns zu der Einteilung
in stationäre und temporäre Parasiten. Die ersteren
sind Schmarotzer, die während eines längeren Zeitraumes ihres
Lebens von ihrem Wirt Nutzen ziehen; die temporären Parasiten
dagegen suchen ihr Wirtstier nur auf kürzere Zeit auf, saugen
Nahrung von ihm und verlassen es danach wiederum („gelegent-
liches Schmarotzertum“). Auch zwischen diesen Gruppen lassen
sich jedoch keine scharfen Grenzen ziehen; ohne Schwierigkeiten

kann man eine Reihe von Beispielen anführen, die sich nicht mit Sicherheit dieser oder jener Kategorie zuteilen lassen. Man darf aber immerhin feststellen, daß alle temporäre Parasiten Außenschmarotzer sind. Nicht dagegen decken sich „stationäre Parasiten" und „Entoparasiten"; mehrere von ersteren sind gerade umgekehrt außen schmarotzende Organismen.

So wie sie uns bisher entgegentraten, sind die Parasiten von der schmarotzenden Lebensweise unbedingt abhängig. Der Parasitismus ist unumgängliche Lebensbedingung für das Individuum; wird dieses vom Schmarotzen abgeschnitten, so muß es, ohne seine volle Entwicklung zu erreichen, zugrunde gehen. Eine Trichine stirbt, wenn sie aus ihren Wirtsorganismen herausgerät, eine Zecke kann sich nicht häuten oder Eier ablegen, wenn sie nicht von einem (meist warmblütigen) Wirbeltiere Blut saugen kann. Man bezeichnet deswegen alle diese Organismen als obligate Parasiten. Wir finden indes auch Tiere, die normalerweise nicht Schmarotzer sind, trotzdem aber weiterzuleben vermögen — und dann recht unangenehm werden können — wenn sie zufällig in einen anderen Organismus hineingeraten; sie werden in diesem Falle als fakultative Parasiten bezeichnet. Als Beispiele können wir die verhältnismäßig häufigen Fälle von „Myiasis" heranziehen, die von verschiedenen Hausfliegenmaden verursacht werden, die in dieser oder jener Weise in Menschen hineingeraten; normalerweise ist keine unserer Hausfliegen zu irgendwelcher Zeit ihres Lebens als Parasit im zoologischen Sinne zu betrachten.

Während nun viele Parasiten, jedenfalls anscheinend, ziemlich harmlos sein können, gibt es andere, die schwere Krankheiten verursachen und die mitunter zuletzt den Wirtsorganismus töten. Wenn die Parasiten und ihre Brut nunmehr mit dem Wirtsorganismus zusammen stürben, käme das Schmarotzertum bald zu Ende. Die Natur hat aber immer für die Parasiten in einer solchen Weise gesorgt, daß die Erhaltung der Art gesichert ist, ehe der Wirt eingeht. In vielen Fällen verläßt das geschlechtsreife Individuum den Wirt; das sieht man z. B. normalerweise bei den parasitischen Insekten, deren Larven in verschiedenen Wirtsorganismen (wie Larven anderer Insekten, Pferden, Vieh usw.) schmarotzen, während das völlig entwickelte Fortpflanzungsindividuum ähnlich wie andere nichtparasitische Insekten frei lebt. Wo der Wirt die Larve eines anderen Insekts ist, wird der Lebensfaden des Wirtes gewöhnlich dann abgeschnitten, wenn sich der Schmarotzer verpuppen soll. — Bei anderen Schmarotzern ist die Eiproduktion vollendet und die Eier aus dem Wirtstier ausgekommen oder in hinlängliche Sicherheit gebracht, wenn der Wirt stirbt. Eine Mehrheit der pathogenen (krankheitserregenden) Parasiten — insbesondere derjenigen, die zu den einzelligen Tiergruppen gehören — vertragen keine Austrocknung; sie entbehren der Ruhestadien und müssen beständig von Wirt zu Wirt überführt werden. So müssen z. B. die Krankheitserreger der Malaria oder der Schlafkrankheit in einen neuen Organismus gelangen, ehe der alte Wirt (in diesem Falle der Mensch) stirbt. Da das nun normalerweise nicht von Mensch zu Mensch geschehen kann, finden wir hier, wie auch sonst oft, ein höchst eigentümliches Zusammenspiel: Der stationäre Entoparasit (das Malariaprotozoon, der Schlafkrankheitserreger) nimmt zeitweilig Aufenthalt in einem temporären Ektoparasit (Mücke, Stechfliege) und wird durch diesen von einem Menschen auf einen anderen übertragen. In dieser Weise entsteht ein W i r t s - w e c h s e l. In welchem der Wirtsorganismen die geschlechtliche Fortpflanzung stattfindet, ist bei verschiedenen Schmarotzern verschieden; jener Wirt aber, in welchem die geschlechtliche Fortpflanzung erfolgt, wird der E n d w i r t genannt, während der oder die Wirtsorganismen, in denen keine geschlechtliche Fortpflanzung, sondern höchstens eine ungeschlechtliche Vermehrung vor sich geht, als Z w i s c h e n w i r t e bezeichnet werden.

Wenn wir uns der verwickelten Verhältnisse erinnern, die von den einzelnen Parasitenarten während ihres Lebenskreislaufes durchlaufen werden, und all der Gefahren, die die Individuen ihr Leben hindurch bedrohen, werden wir uns bewußt werden, daß die Aussicht des einzelnen Schmarotzers, sein Ziel — das Ziel jedes Lebewesens: die Erhaltung der Art durch Fortpflanzung — zu erreichen eine außerordentlich geringe ist. Um diese ungünstigen Verhältnisse aufzuwiegen, sorgt die Natur bei den Parasiten, besonders den Binnenschmarotzern, für eine ungeheure Vermehrung. Das geschieht teils durch eine abenteuerlich erhöhte Eiproduktion (Trichinen, Spulwürmer, Bandwürmer) teils durch eingeschobene ungeschlechtliche Vermehrungen, die die Individuenzahl potenzieren (Protozoen) oder aber schließlich durch einen Wechsel von Generationen, die sich mittels befruchteter Eier und solcher, die sich mittels unbefruchteter Eier fortpflanzen (Trematoden).

Jeder Kampf gegen krankheitserregende (pathogene) Schmarotzer muß auf einem eingehenden Vertrautsein mit den gesamten Lebensverhältnissen (der „Biologie") der betreffenden Parasiten beruhen. Die Grundlage wird dabei von der vollständigen Kenntnis des Lebenskreislaufes der einzelnen Art abgegeben; ohne eine solche werden alle Versuche, die Parasiten zu bekämpfen, lediglich zu Schlägen ins Wasser. Welche ungeheure Rolle aber den tierischen Parasiten im Hinblick auf die Seuchen von Mensch und Haustieren (Epidemien, Epizootien) zufällt, hat ja gerade der letzte Krieg wieder zur Genüge gezeigt. Unbedingt zu Recht wird in steigendem Maße die Forderung nach Verbreitung parasitologischer Kenntnisse erhoben und das Vertrautsein mit den wichtigsten Schmarotzern des Menschen zu den Elementen der hygienischen Zoologie gezählt.

Indes sind es nicht allein die Parasiten, die den Tieren in der Medizin Bedeutung verschaffen: Wir haben einmal noch der giftigen Tiere zu gedenken, denen namentlich in den Tropen eine bedeutsame Rolle für die Medizin zukommt. Sodann aber finden wir in den Apotheken und Drogerien eine ganze Reihe von Präparaten, die dem Tierreich entstammen. Diese Präparate sind teils direkt ausnutzbare Bestandteile (Fettarten, Sepia, Cantharidin, Cochenille), Sekrete (Seide, Wachs) oder Vorräte von Tieren (Honig) teils erst durch verwickelte Verfahren aus dem Tierkörper zu gewinnende Stoffe, wie besonders die Organpräparate (Thyroxin, Insulin, Adrenalin usw.).

Ein ganzer Zweig der medizinischen Wissenschaft (die Serumtherapie) beruht auf der Ausnutzung der Antikörper, die im Blute der Tiere, besonders gewisser, nach Vorbehandlung mit Ansteckungsstoffen und Giften gebildet werden. Wenn somit auch Sera und gewisse Vakzinen mit genügendem Recht als hierher gehörige Präparate betrachtet werden können, so sind sie doch in der hier gegebenen Darstellung nur ganz kurz berücksichtigt worden, da sie mit gutem Grund herkömmlich im Rahmen der Bakteriologie Behandlung finden.

Einzellige Tiere (Protozoen).

Das Tierreich zerfällt in zwei große Hauptabteilungen, die einzelligen und die mehrzelligen Tiere. Bei den einzelligen Tieren, den Protozoen, besteht das Individuum lediglich aus einer Zelle, die somit alle Lebensfunktionen auszuführen hat.

Es ist sehr schwierig, um nicht zu sagen geradezu unmöglich, in der Welt der einzelligen Organismen — der „Protisten" — eine scharfe Grenze zwischen Pflanzenreich und Tierreich zu ziehen; viele Protistengruppen waren und sind in dieser Hinsicht durchaus umstritten, in anderen Gruppen treten uns nahe verwandte Organismen nebeneinander entgegen, von denen die einen physiologisch betrachtet Pflanzen, die andern Tiere sind, ja man findet mitunter Organismen, deren Generationen in ihrer Lebensführung zwischen den beiden Seiten hin und her pendeln. Man sieht deswegen auch oft, daß die einzelligen Organismen, die Protisten, als Ganzes behandelt und in Gegensatz sowohl zu den mehrzelligen Pflanzen wie zu den mehrzelligen Tieren gestellt werden. Hier werden wir indes nur die tierischen Protisten, die Protozoen erwähnen.

Wie oben gesagt, führt bei den Protozoen die einzelne Zelle mittels ihrer Zellorgane (auch Organellen genannt) sämtliche Lebensfunktionen aus. Das freilebende Protozoon (Abb. 4) hat Bewegungsorgane verschiedener Art. Sie können Pseudopodien („Scheinfüße", Plasmaausläufer unbestimmter Form, die vorgeschoben oder in den Zellkörper eingezogen werden) darstellen, oder aber wir finden Bewegungsorganellen unveränderlicher Form: lange und wenig zahlreiche Peitschenhaare oder Geißeln (Flagellen) oder kurze Flimmerhaare (Cilien) von großer Anzahl. Bei den Parasiten können Bewegungsorganellen fehlen oder nur in einzelnen Entwicklungsstadien voll ausgebildet auftreten. Die abgeänderten Lebensverhältnisse der Schmarotzer haben die parasitischen Protozoen überhaupt derart umgewandelt, daß ihre Verwandtschaftsbeziehungen zu den übrigen Einzellern außerordent-

lich schwierig zu enträtseln sind. Hierin liegt auch eine der Ursachen dafür, daß unsere Kenntnisse der Protozoenkrankheiten
und ihrer zweckmäßigen Bekämpfung in vieler Hinsicht noch im
Argen liegen.

Die Protozoen entfalten einen ungeheuren Formenreichtum.
Man kann diesen auf eine Reihe natürlicher Gruppen verteilen.

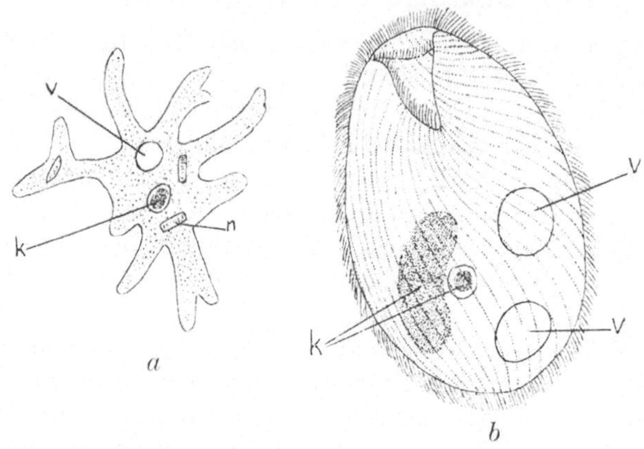

Abb. 4. Protozoentypen. *a* eine freilebende, nackte A möbe mit langen Pseudopodien.
b eine flimmerbekleidete Form (ein Infusionstier), die beim Menschen gefährliche
Dysenterie verursachen kann. — *k* Zellkern (bei den Infusionstieren finden sich zwei Kerne,
ein Großkern und ein Kleinkern); *n* Nahrungspartikel; *v* „pulsierende Vakuolen" (die flüs-
sigen Exkrete sammeln sich in Tropfen, „Vakuolen" an, die periodisch entleert werden;
bei den Infusionstieren ist ihre Lage für jede Art charakteristisch).

Gegenwärtig rechnet man gewöhnlich mit fünf großen Hauptgruppen.

Die *Amöben* im weiteren Umfang (*Sarcodina*) haben als völlig
entwickelte Tiere keine feste Gestalt, sondern bewegen sich und
nehmen ihre Nahrung auf mittels nach Bedarf gebildeter Plasmaausläufer (Pseudopodien). Viele der Amöben scheiden ein Skelett
(meist eine Kapsel oder eine Hülle) von Kieselsäure oder kohlensaurem Kalk aus; solche Kalkgehäuse bilden einen der Haupt-
bestandteile der Kreideablagerungen. — Einige der skelett-
losen Amöbenarten spielen eine unheilvolle pathogene Rolle, nämlich die Dysenterieamöben (*Entamöba histolytica* u. a., Abb. 5), die,
Menschen und andere warmblütige Tiere angreifend, die gefährlichsten Ruhrformen hervorrufen. Die Amöbenruhr tritt nur
in wärmeren Gebieten auf, von den östlichen Mittelmeergegenden

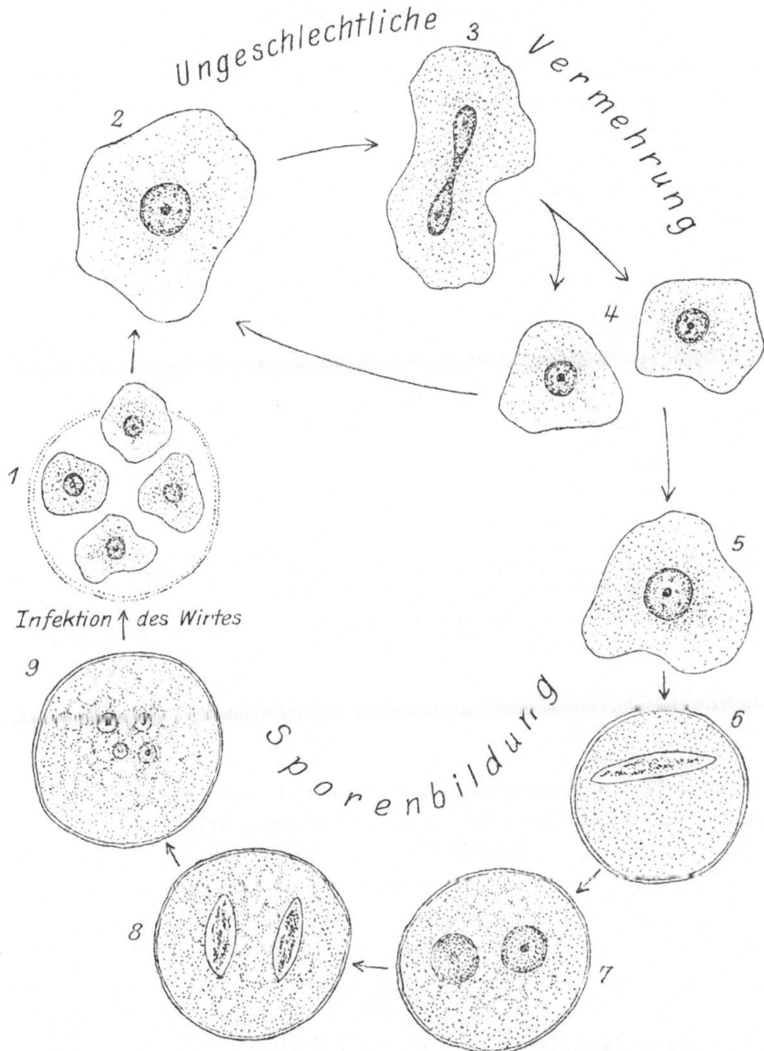

Abb. 5. Schema des Lebenskreislaufes einer Ruhr-Amöbe. Die Dauerspore (9) gelangt in den Darmkanal des Wirtes hinein und läßt 4 Individuen aus sich ausschlüpfen (1). Diese wachsen heran und vermehren sich durch Teilung (2—4). Einige der Tochterindividuen (5) bilden sich unter Vierteilung des Kernes (6—9) in die charakteristischen vierkernigen Sporen (9) um, die die Dysenterieamöbe des Menschen kennzeichnen und in den Exkrementen des Patienten nachgewiesen werden können. (Unter teilweiser Benutzung der von HARTMANN und SCHILLING gegebenen Darstellungen zusammengestellt.)

an; sie ist südwärts über den ganzen Tropengürtel verbreitet. Die Hauptinfektionsquelle ist offensichtlich das Trinkwasser.

Die *Flagellaten* oder Geißeltiere im weiteren Sinne (*Mastigophora*) haben als Bewegungsorgane ein oder einige längere Geißeln (Flagellen) an ihrem Vorderende; mehrere schmarotzende Arten zeigen nur auf gewissen Stadien Flagellen. — Die Flagellaten spielen — besonders in den Tropen — eine ungeheure Rolle als pathogene Organismen für Menschen und Tiere; man braucht nur an Dinge zu erinnern wie Afrikanische Schlafkrankheit

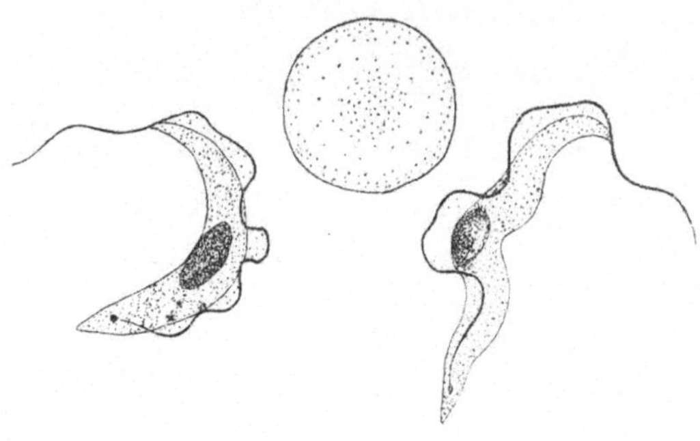

Abb. 6. *Trypanosoma*, ein Flagellat, das die afrikanische Schlafkrankheit verursacht, wenn es in das Blut des Menschen kommt. Zum Vergleich ist oben ein rotes Blutkörperchen bei derselben Vergrößerung eingezeichnet. (Nach HARTMANN und SCHILLING, etwas verändert).

(Abb. 6) Orientbeulen, „Nagana" und „Texasfieber" des Viehes und noch mehr **Malaria** (Abb. 23, S. 51), die Geißel wärmerer Gegenden, um zu zeigen, welche Achtung die Tropenmedizin vor dieser Protozoengruppe haben muß. Jedoch hat man sich gewärtig zu halten, daß das Texasfieber bzw. eine ihm sehr nahestehende Krankheit (**Rotnätze** oder **Hämoglobinurie der Rinder**) auch in Europa allgemein verbreitet ist und in der norddeutschen Tiefebene sogar eine ihrer wichtigsten Zentren hat. — Die meisten warmblütige Tiere angreifenden parasitischen Flagellaten werden durch Insekten (Stechfliegen, Mücken, Wanzen) und Milben (bei uns wohl meist Zecken) übertragen.

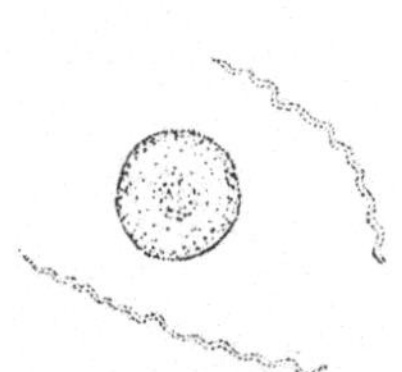

Abb. 7. Der **Syphilis**erreger *Spirochaeta pallida*. In der Mitte ein rotes Blutkörperchen bei derselben Vergrößerung dargestellt. (Nach HARTMANN und SCHILLING, etwas verändert.)

Eine umstrittene Gruppe wird von den **Spirochäten** (Abb. 7) gebildet, die von zoologischer Seite wegen gewisser physiologischer Verhältnisse vielfach als Flagellatenverwandte angesehen werden, während sie manche Protistenforscher als den Spirillen nahestehende Bakterien auffassen. Sie haben für uns Menschen insofern ein unheimliches Interesse, als sie u. a. die Syphilis verursachen.

Es ist für Flagellaten und Spirochäten ein durchgehender Charakterzug, daß sie gewissen Arsenpräparaten (Atoxyl, Salvarsan, Neosalvarsan usw.) gegenüber sehr empfindlich sind, während diese Präparate anderen Protozoen gegenüber weniger wirksam sind; mehrere von ihnen (z. B. die Malariaprotozoen) werden von Chininpräparaten stark beeinflußt, und oft erweist sich die kombinierte Verwendung von Chinin und Arsenpräparaten als besonders geeignet zur Erzielung von Dauererfolgen.

Unter der großen Zahl freilebender Flagellaten, auf die wir hier natürlich nicht einzugehen haben, ist die Mehrzahl zu den Pflanzen zu stellen. Auch die Gruppe der *Amöbosporidia*, die als Parasiten eine besondere Vorliebe für die Fische haben, können wir nur im Vorübergehen erwähnen.

Größeres Interesse kommt den *Sporozoa* zu, einer großen Gruppe parasitischer Protozoen, die im erwachsenen Zustande der Bewegungsorganellen entbehren und ihre Nahrung durch Osmose aufnehmen. Einige Sporozoen erzeugen verheerende Tierseuchen (Epizootien) bei verschiedenen Jagdtieren wie Gemsen, Hasen, Fasanen und Waldhühnern, aber auch bei Haustieren wie Kaninchen, Schafen, Ziegen, Hühnern, Gänsen, Enten, Truthühnern usw.; auch die „rote Ruhr“ des Rindes ist eine „Kokzidiose“, wie man diese Krankheiten gemeinsam nennt (Abb. 8). Diese ökonomisch verderblichen Parasiten scheinen nur mit dem Futter übertragen zu werden; ihre Dauerstadien sind anscheinend im Feuchten besonders widerstandsfähig. Wirksame Kampfmittel gegen die Kokzidiosen fehlen uns zur Zeit noch, sowohl gegen die Seuchen als Ganzes wie auch für die Behandlung der Einzelfälle; das gilt auch für die glücklicherweise seltenen Fälle, in denen der Mensch von Kokzidiose befallen wird.

Die letzte große Protozoengruppe, die *Infusoria* (Infusionstierchen), umfaßt hauptsächlich freilebende einzellige Tiere, die während des ganzen Lebens oder jedenfalls in einigen Stadien mit zahlreichen kleinen Flimmerhärchen („Cilien“) ausgestattet sind. Man betrachtet sie gewöhnlich als die am höchsten entwickelten Protozoen. Nur einige wenige von ihnen schmarotzen; allerdings kennen wir eine Art (*Balantidium coli* Malmgr. Abb. 4, *b*), die bös-

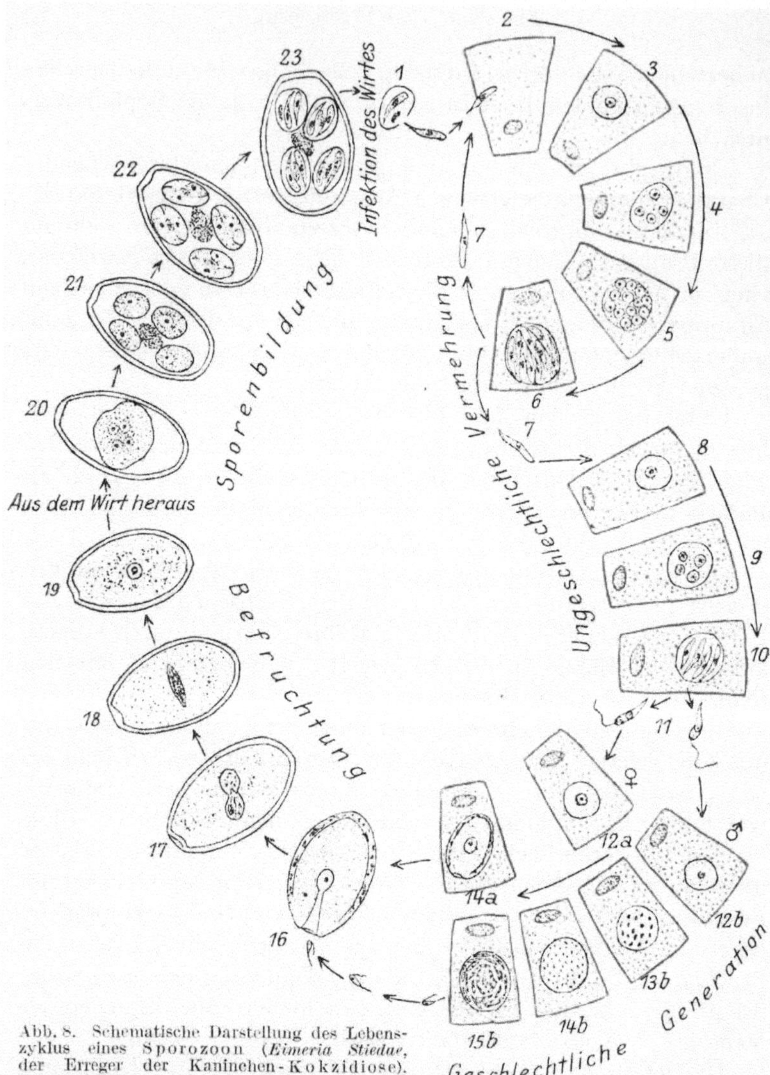

Abb. 8. Schematische Darstellung des Lebens-
zyklus eines Sporozoon (*Eimeria Stiedae*,
der Erreger der Kaninchen-Kokzidiose).
Wenn eine Spore mit dem Futter in den Ver-
dauungskanal hineingelangt, wird ihre Kapsel aufgelöst (*1*), die Keime werden in Freiheit
gesetzt und dringen in die Darmepithelzellen ein (*2*), wo sie heranwachsen und sich in zahlreiche Tochterindividuen aufteilen (*3—6*), die die verwüstete Epithelzelle verlassen (*7*) und
in neue solche eindringen. Derselbe Kreislauf kann sich mehrmals wiederholen (der Unter-
kreislauf rechts oben). Einige der Individuen aber durchlaufen eine andere Entwicklung
(*8—11*) und bilden je nur vier Tochterindividuen, mit einem Schwingfaden ausgestattet. Diese
Individuen sind teils weibliche (♀ *12a*, *14a*) und wachsen dann zu großen Einzelindividuen
heran, teils männliche (♂ *12b—15b*), die sich in eine große Zahl sehr stark beweglicher Kleinindividuen aufteilen. Ein solches „Kleinindividuum" dringt in ein „Großindividuum" ein
und verschmilzt mit diesem (*16*), nachdem beide die zerstörte Epithelzelle verlassen haben
und im Darmlumen frei geworden sind. Durch einen Befruchtungsprozeß (*16—18*) wird
eine „Ovocyste" gebildet, die mit den Exkrementen des Wirtes entleert wird. Im Freien
teilt sich der Einhalt der Ovocyste binnen kurzer Zeit in vier Sporen (*20—23*), die je zwei
Keime enthalten. Das stark geschützte Sporenstadium (*23*) kann, wenn es nicht austrocknet,
lange am Leben bleiben. Gerät es in einen neuen Wirt (*1*), so fängt der ganze Kreislauf
von neuem an. (Etwas verändert nach Hartmann und Schilling.)

artige Fälle von Ruhr (Infusoriendysenterie) verursachen kann. Die Art ist nahezu in allen Weltgegenden nachgewiesen worden, vieles spricht dafür, daß die Infektion mit ihr durch Trinkwasser geschieht, jedoch sind die Akten hierüber noch nicht geschlossen.

Aus den wenigen Daten, die hier angeführt worden sind, erhellt es möglicherweise nicht so völlig, welch ungeheure Rolle die Protozoen in hygienischer Beziehung spielen; man könnte insbesondere zu der Annahme geneigt sein, daß es sich bei ihnen im Wesentlichen um eine Angelegenheit der Tropen handle. Eine solche Annahme ist aber falsch. Wir haben in den folgenden Abschnitten noch wiederholt krankheitserregende (pathogene) Protozoen in Verbindung mit anderen Tieren zu besprechen. Nicht vergessen darf man ferner, daß das Studium der pathogenen Protozoen heute noch verhältnismäßig jung ist, und daß ihre Ergebnisse schon jetzt mit immer größerer Wahrscheinlichkeit darauf hindeuten, daß die hygienische Rolle der Protozoen in unseren Breitengraden bisher ziemlich stark unterschätzt worden ist.

Mehrzellige Tiere (Metazoen).

Die zweite große Hauptabteilung des Tierreichs wird von den *Metazoen*, den mehrzelligen Tieren gebildet. Bei ihnen baut sich das Individuum aus einer Zellengemeinschaft auf, innerhalb welcher die Zelle ihre Sonderfunktion mit größerer Vollkommenheit ausführt, dafür aber auf andere Funktionen verzichtet hat, die von anderen Zellen des Individuums übernommen worden sind. Die Spezialisierung hat die Zelle ihrer individuellen Selbständigkeit beraubt. Die Isolation einer Zelle von der übrigen Zellgemeinschaft würde normalerweise ihren Tod herbeiführen.

Schwämme (Spongien).

Die *Spongien* bilden eine Tierklasse, die mit den übrigen mehrzelligen Tieren sehr geringe Verwandtschaft zu haben scheint. Sie sind unmittelbar am Boden oder an Pflanzen oder harten Gegenständen im Wasser befestigt; weitaus die meisten von ihnen leben im Meere. Gewöhnlich überziehen die Schwämme andere Gegenstände oder bilden mehr oder weniger unregelmäßige Klumpen, flache Fächer, Becher usw. Sie besitzen ein Skelett aus einer hornähnlichen Eiweißverbindung (Spongin), meist auch aus

Kieselnadeln oder aus Kalknadeln gebildet. Bei einer Gruppe wird das Skelett lediglich aus Spongin hergestellt, und einige Arten eben aus dieser Gruppe spielen für den Menschen seit den Zeiten Homers eine gewisse hygienische Rolle. Durch Kneten entfernt man aus ihnen alle Weichteile, so daß nur das gereinigte elastische und poröse Skelettgerüst übrig bleibt, das wir als **Badeschwämme** und **Tafelschwämme** verwenden; die feinsten dieser Schwämme erhalten wir aus dem Mittelmeer. — In der Volksmedizin haben die Schwämme früher besonders ihres Jodgehalts wegen als Kropfmittel eine Rolle gespielt; in der Jetztzeit verwendet man noch in einigen Gebieten (z. B. in Rußland) das „**Badiagapulver**“, das aus Süßwasserschwämmen hergestellt wird.

Hohltiere (Cölenteraten).

Die Angehörigen dieser niedrig stehenden Tiergruppe lassen sich in ihrem Bau am besten mit einem Säckchen vergleichen, dessen Wandung aus zwei Zellschichten besteht, die zwischen sich eine dünnere oder dickere Zwischenlage einschließen. Zu dieser Tiergruppe zählen wir die Polypen, die Medusen und die Koralltierchen, eine Organismenreihe, die keine besonders hervorragende Rolle für den Menschen spielt. Gewerblich werden die Achsenskelette der achtarmigen **Edelkorallen** verwandt besonders zur Herstellung von **Schmuckketten**. Sie haben in bearbeitetem Zustande in gewissen Gegenden auch als Amulette Interesse.

Die überwiegende Mehrzahl der Hohltiere, die Nesseltiere, muß den giftigen Tieren zugezählt werden. Die hierher gehörigen Tiere sind nämlich mit den sogenannten Nesselzellen ausgestattet, d. h. Zellen, die eine Gift enthaltende Kapsel zum Explodieren bringen, wenn sie gereizt werden. Die Gifte der Nesselzellen der Cölenteraten (hauptsächlich **Kongestin** und **Thalassin**) können auch für Menschen unangenehm, selbst gefährlich werden. Die brennenden Wirkungen der gewöhnlichen Quallen sind den Badegästen der Seebäder allgemein bekannt. Gewisse Siphonophoren (z. B. „**das portugiesische Kriegsschiff**“, *Physalia*) können Lähmungen und somit Todesfälle (durch Ertrinken) verursachen. Schwammfischer und Taucher leiden oft an einer schmerzhaften und unangenehmen, Fieber und Entzün dungen verursachenden Krankheit — als Folge der häufigen Berührung mit nesselnden Cölenteraten.

Würmer (Vermes).

W ü r m e r nennen wir die große zentrale Gruppe des Tierreiches, von der man annimmt, daß alle höheren Tiergruppen ihren Ursprung von ihr genommen haben. Die Plattwürmer werden als die am tiefsten stehenden angesehen; die Rundwürmer haben in ihrer Entwicklung einen Seitenweg eingeschlagen, während die Anneliden die höchste Entwicklungsstufe der Gruppe erreichten. Parasitologisch haben die beiden erstgenannten auch für den Menschen eine große Bedeutung.

Plattwürmer (Platodes oder Plathelmintes).

Die Plattwürmer sind durchgehends abgeplattete Tiere mit einer flachen Unterseite (Bauch- oder Ventralseite) und etwas gewölbter Oberseite (Rücken- oder Dorsalseite). Zwischen ihren Organen befinden sich keine Hohlräume, da alle Zwischenräume von einem großzelligen Bindegewebe ausgefüllt werden. Der Darm entbehrt einer Endöffnung oder ist ganz rückgebildet.

Bei den Plattwürmern begegnen wir den ersten, deutlich entwickelten Organen, Zellkomplexen, die für den Gesamtorganismus bestimmte Tätigkeiten übernommen haben. So finden wir (vgl. Abb. 9) deutlich entwickelte Verdauungs-

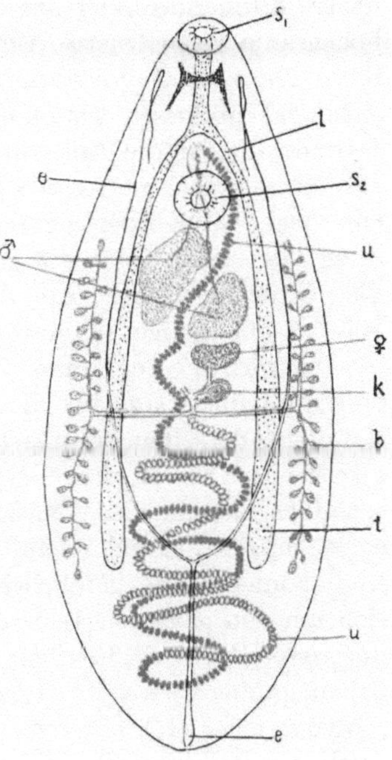

Abb. 9. Der Lanzettegel, etwas schematisch dargestellt. Das Tier ist von der Unterseite gesehen, so daß man die beiden Saugnäpfe (s_1 und s_2) gewahrt. Der Darmkanal (t) ist gegabelt, aber ohne Blindzweige. Die Exkretionsorgane (e) münden am Hinterende des Tieres aus. — Der Lanzettegel ist zwittrig mit männlichen (♂) und weiblichen (♀) Geschlechtsdrüsen; dem Ausführgange der weiblichen Drüsen beigefügt sind eine Schalendrüse (k) und paarige Dotterdrüsen (b), die die Eier mit Reservenahrung und Schalen versehen, ehe sie ihre Wanderung durch den langen, stark geschlängelten Eileiter oder „Uterus" (u) anfangen.

organe (Darmkanal), Exkretionsorgane (Nierenorgane), Nerven-system und Fortpflanzungsorgane (Geschlechtsorgane) vor. Indes sind nicht alle Organsysteme bei allen Plattwürmern gleich gut ausgebildet. Vielmehr gibt uns gerade die Entwicklung der Or-gane ausgezeichnete Beispiele, wie sich der Organismus den jeweils gegebenen besonderen Lebensbedingungen plastisch anzupassen vermag, wie er, „Überflüssiges" abstoßend, solche Fähigkeiten stärker entwickelt, die das Bestehen der Art sichern. Richten wir unsere Aufmerksamkeit auf die Parasiten, so beobachten wir, daß hochgradig spezialisierte Entoparasiten, z. B. die Bandwürmer, ihren Darmkanal vollständig rückgebildet haben. Sie „wälzen sich" ja, praktisch genommen, in der Nahrungsflüssigkeit des Darmes, die für die Aufnahme in die tierische Zelle fertiggestellt ist; diese Aufnahme kann somit beim Bandwurm auf der ganzen Oberfläche des Körpers geschehen. — Andrerseits geben uns gerade diese Tiere auch dafür ein gutes Beispiel, welch eigenartige Wege die Natur einschlägt, um die Fortpflanzung zu potenzieren. — Wir werden einige schmarotzende Typen etwas näher erörtern.

Die Leberegel, eine Gruppe der Trematoden, sind häufig eine schlimme Plage für die Schafe, insofern sie eine gefährliche Krankheit derselben verursachen, die „Leberfäulnis" (Leber-egelkrankheit); beim Rind, scheint ihr Vorkommen weniger schädlich zu sein. Gelegentlich werden auch Menschen mit Leber-egeln infiziert. Auch wenn nur wenige Schmarotzer anwesend sind, können diese gefährlich werden, besonders dann, wenn es sich um den größeren Leberegel handelt. Wir haben nämlich in unserem Gebiet zwei häufiger vorkommende Leberegel, den eigent-lichen, großen Leberegel (*Fasciola hepatica* L.) und den kleinen „Lanzettegel" (*Dicrocoelium lanceatum* St. u. H., Abb. 9). Auch der einheimische Katzenegel (*Opisthorchis felineus* Ri-volta) ist schon bei Menschen gefunden worden; gewöhnlich tritt er bei Katzen und Hunden auf.

Der Lebenskreislauf des großen Leberegels (Abb. 10) ist voll-ständig aufgeklärt. Das völlig erwachsene, zwitterige („herm-aphroditische") Individuum hat die Form eines Laubblattes oder einer Flunder. Vorn ist es mit zwei Saugnäpfen ausgestattet. Der vordere Saugnapf sitzt, die Mundöffnung umschließend, am Vorderende des Tieres, der zweite findet sich ein wenig dahinter an der Unterseite (Bauchseite). Der Egel heftet sich in den

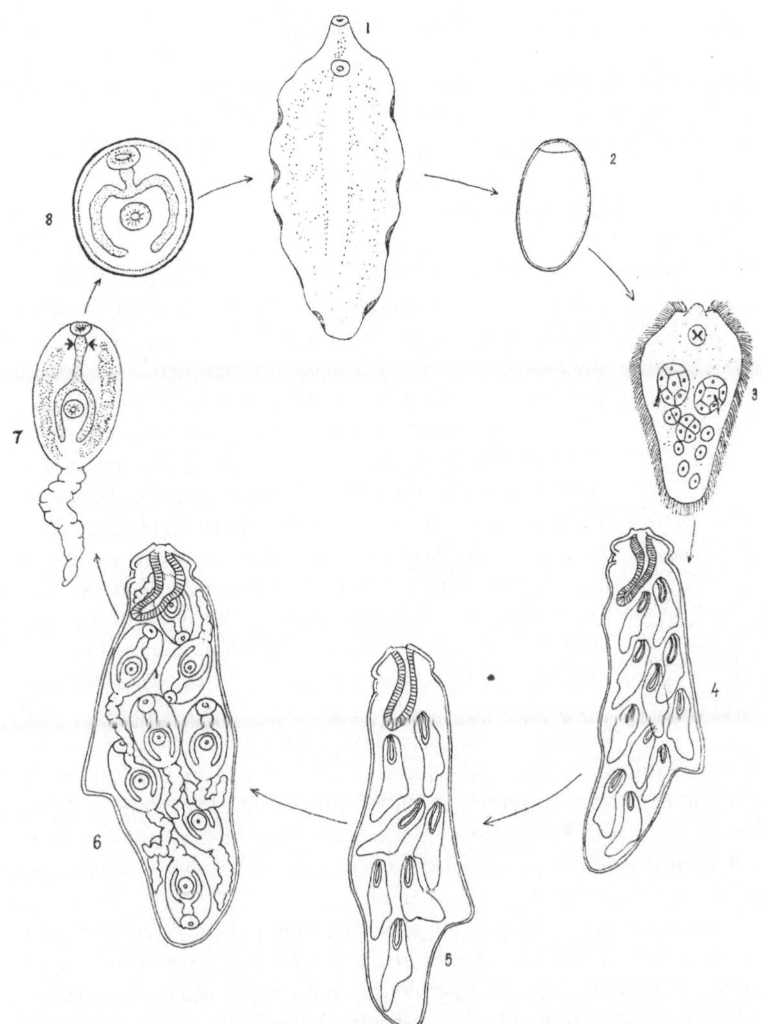

Abb. 10. Schematische Darstellung des Lebenskreislaufes des großen Leberegels. Das erwachsene hermaphroditische Individuum (*1*) hält sich in den Gallengängen auf. Die Eier (*2*) werden mit den Exkrementen des Wirtes entleert; im Wasser öffnet sich die Schale, und eine bewimperte Larve (*3*) wird frei und stellt einer Sumpfschnecke (Abb. 11) nach, um in deren Atemhöhle einzudringen. Hier wirft sie ihr Haarkleid ab, und in ihrem Innern entwickeln sich neue Individuen ohne Befruchtung. Die letzteren (*4*) dringen in die Leber der Schnecke ein und geben oft noch einer weiteren Rediengeneration (*5*) Ursprung, oder sie — oder die letzteren — erzeugen in ihrem Innern durch Parthenogenese kleine geschwänzte „Zerkarien" (*6*), die frei werden und aus der Schnecke ausschwärmen (*7*), um sich an Gräsern oder Wasserpflanzen festzuheften. Hier werfen sie nunmehr ihren Schwanz ab und kapseln sich ein (*8*). Wird nun diese Kapsel von einem Schafe oder Rinde (oder einem Menschen) aufgenommen, so löst sich die Kapsel auf. Der kleine Egel durchbohrt die Darmwand und wandert in den Blutgefäßen nach der Leber, wo er zum hermaphroditischen Individuum (*1*) heranwächst.

Gallengängen der Leber fest; seine Eier kommen mit der Galle in den Darmkanal des Wirtes und werden mit den Exkrementen desselben entleert. Im Wasser öffnet sich die Eischale, und eine kleine mit Wimpern bekleidete Larve wird frei, schwimmt für eine kurze Weile umher, um in die Atemhöhle einer kleinen Sumpfschnecke (Abb. 11) einzudringen, falls Gelegenheit geboten wird. Hier wirft sie nunmehr ihr Wimperkleid ab, und in ihrem Innern

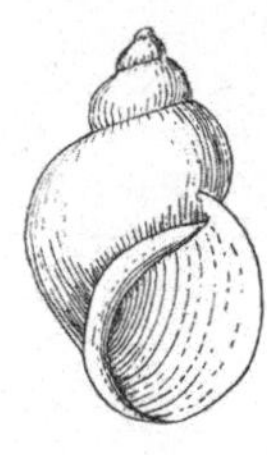

Abb. 11. Die Schale einer Sumpfschnecke (*Limnaeus*), die den parthenogenetischen Zwischengenerationen des Leberegels als Wirt dient.

entwickeln sich einige Zellen (Eier) parthenogenetisch[1]) zu neuen, sackförmigen Individuen („Redien"), die in die Leber der Schnecke eindringen. Die Redien haben einen kurzen Darmschlauch. In ihnen entwickelt sich wiederum parthenogenetisch eine neue Generation; diese oder eine nachfolgende (parthenogenetische) Generation ist etwas höher organisiert; sie erscheint als kleine geschwänzte Egel oder „Zerkarien". Die Zerkarien wandern aus der Schnecke aus, suchen einen Pflanzenstengel oder Blätter auf, an denen sie sich festheften, ihren Schwanz abwerfen und sich einkapseln. In der Kapsel liegt somit jetzt ein junger Leberegel; wird das Blatt mit der Kapsel gefressen, z. B. von einem Schafe, so daß die Kapsel in deren Darmkanal hineingerät, so lösen die Verdauungssekrete die Schale auf, und der kleine Egel wird frei. Vom Darm wandert er dann durch die Blutbahn und die Pfortader in die Leber, wo er sich festsetzt; hier wächst er endlich zum erwachsenen Zwitter heran, und mit seinen Eiern beginnt dann der Zyklus von neuem.

Die ganz besonderen Lebensbedingungen dieses Lebenslaufes machen eine ungeheure Vermehrung notwendig; wir sehen denn auch, daß der völlig entwickelte Leberegel eine nachdrückliche Eiererzeugung entfaltet. Trotzalledem sind es nur wenige von den Larven, die jene besonderen Schnecken erreichen, die für ihre weitere Entwicklung geeignet sind. Dafür wird nun aber ihre Zahl durch die parthenogenetischen Zwischengenerationen in der Sumpfschnecke wirkungsvoll potenziert. — Die Infektion des Wirbeltieres geschieht auf nassen Weiden und dann meist gleich in Vielzahl, wie das wahrscheinlich wird, wenn man sich über-

---

[1]) Wenn sich ein Ei ohne Befruchtung entwickelt, spricht man von Parthenogenese („Jungfernzeugung").

legt, daß sich die kleinen Zerkarien — auf einmal in großer Zahl aus der Schnecke ausschwärmend — alle an Pflanzen in nächster Nähe anheften. Es wird angenommen, daß die Ursache der Masseninfektion gerade der Schafe darin liegt, daß diese die Gräser bis zum Boden abnagen, während die Rinder die Stoppeln stehen lassen, an denen sich gerade die meisten Zerkarien einkapseln. — Der Mensch läuft Gefahr, durch schlecht abgewaschenen Salat oder Kresse infiziert zu werden; solche Fälle sind aber glücklicherweise selten.

In den Tropen hat man als Parasiten des Menschen weitere Trematoden beobachtet. Nur einige wenige Arten von ihnen, die in den Blutbahnen Aufenthalt nehmen, spielen eine größere Rolle. Diese aber sind sehr gefährlich. Die Infektion geschieht hier direkt bei Benetzung der Haut mit zerkarienhaltigem Wasser.

Größeres Interesse beanspruchen in unseren Breiten für den Menschen die *Bandwürmer* (Cestoden). Wir können im übrigen ruhig sagen, daß jede Wirbeltierart den Wirt einer oder mehrerer Bandwurmarten abgibt; wenn nun auch einige Bandwurmarten mehreren Wirbeltieren gemeinsam sind, so wird die Gesamtartenzahl der Cestoden dennoch eine sehr große.

Der völlig entwickelte Bandwurm besteht gewöhnlich aus einem Scolex (auch „Kopf" genannt) und dahinter einer kürzeren oder längeren Kette von Proglottiden (irreführend oft als „Gliedern" bezeichnet). Da die Proglottiden durch Abschnürung vom hinteren Teil des Scolex nach und nach entstehen, finden wir die jüngste Proglottide dem Scolex ansitzend, die älteste dagegen am Hinterende der Kette. — Der Scolex ist mit Festhaftungsorganen (Abb. 12) ausgestattet; diese können auf ein Paar langgestreckte Saugnäpfe oder besser Gruben, eine an jeder Seite des „Kopfes" beschränkt sein, oder es treten Saugnäpfe in Vierzahl auf, wozu sich dann oft noch ein Kranz von Chitinhaken um die Vorderpartie gesellt. Ein Mund ist am Scolex nicht vorhanden, da es ja dem Bandwurm an jeglichem Darmkanale fehlt. Der Scolex entbehrt der Fortpflanzungsorgane; die einzigen Organsysteme, die er mit der ganzen Proglottidenkette gemeinsam hat, sind die Nerven- und Exkretionsorgane. Jede Proglottide („Glied") enthält ihre besonderen zwittrigen Fortpflanzungsorgane; in dem Maße wie die Glieder heranwachsen und nach hinten rückend ihre endgültige Form annehmen, entwickeln sich die Geschlechtsorgane zur vollen Reife. Die Eier werden befruchtet, von einer Schale umgeben und füllen die Eileiter aus. Die Form der prall gefüllten Eileiter ist für die einzelnen Arten sehr charakteristisch (Abb. 12). Sie werden daher zur Feststellung der Art benutzt, wenn die reifen Proglottiden, vom Bandwurm abgestoßen, mit den Exkrementen des Wirtes entleert werden.

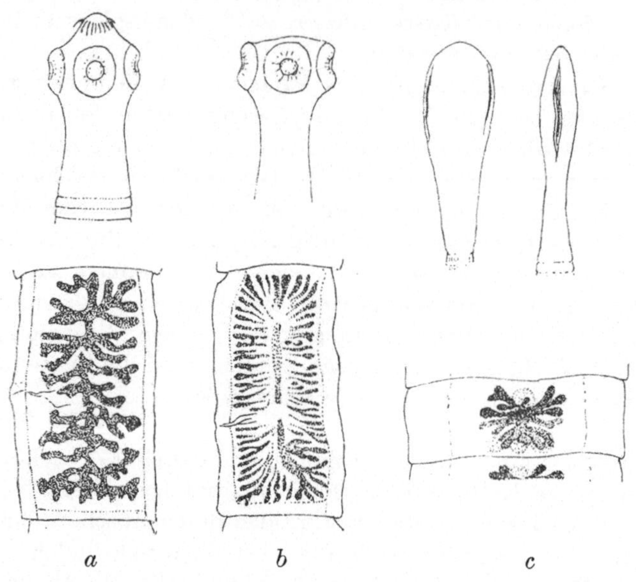

Abb. 12. Scolex (obere Reihe, stark vergrößert) und völlig reife Proglottiden (untere Reihe, schwach vergrößert) der drei gewöhnlichen menschlichen Bandwürmer. *a* der Einsiedlerbandwurm (*Taenia solium* L.), *b* der unbewaffnete Bandwurm (*Taenia saginata* Goeze; ein Hakenkranz fehlt am Scolex) und *c* der breite Grubenkopf (*Dibothriocephalus latus* L.; der Scolex hat nur zwei spaltförmige Sauggruben). (Nach Neumann und Mayer, etwas verändert.)

(Um die Form und das Aussehen der Eileiter klarzulegen, macht man die Proglottide durch Einlegen in Glycerin durchsichtig, nachdem sie in 10% Formollösung getötet worden ist.)

Der gewöhnlichste Bandwurm des Menschen ist der Einsiedlerbandwurm oder der bewaffnete Bandwurm des Menschen (*Taenia solium* L., Abb. 12, *a*), der, eine Länge von 3 m erreichend, 8—900 Proglottiden hat, von denen jeweils die hinteren 80—100 reif sind. Noch bevor die Proglottide zum Abfallen fertig ist, werden ihre Eier befruchtet und entwickeln sich

zu einer eigentümlichen kleinen kugelförmigen Larve mit sechs
(3 Paaren) Chitinhaken (Abb. 13, *a*). Wenn die Proglottide mit
den Exkrementen ans Tageslicht kommt, ist sie gewöhnlich mit
solchen Hakenlarven prall gefüllt, von denen jede in einer sehr
widerstandsfähigen Hülle eingekapselt ist. — Noch nicht völlig
klar sieht man bisher, wie diese Larven nun in das Schwein hineinkommen. Die vorliegenden Beobachtungen sprechen jedoch
mit großer Wahrscheinlichkeit dafür, daß die Fliegen hier (wie bei
mehreren der übrigen Bandwürmer) eine vermittelnde Rolle spielen.
Die Fliegen lieben es, den Inhalt abgestoßener Proglottiden auf-

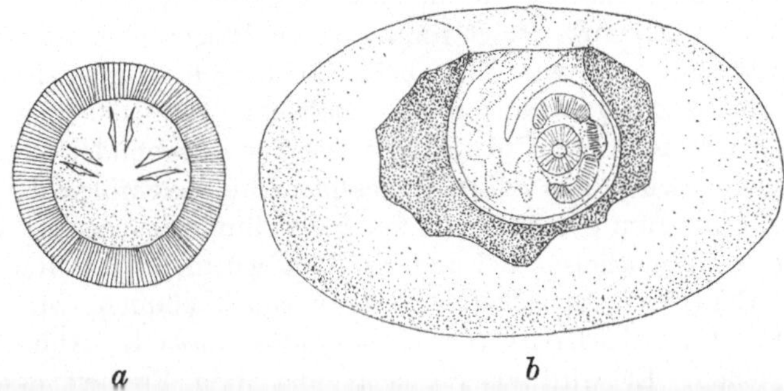

a　　　　　　　　　　*b*

Abb. 13. Zwei Entwicklungsstufen des Einsiedlerbandwurms. *a* Sechshakenlarve in
ihrer Kapsel. *b* eine Finne, wie sie in der Leber oder der Muskulatur gefunden wird; auf
dieser Stufe bleibt das Tier stehen, bis es mit den Geweben des Zwischenwirts vom Endwirt aufgenommen wird. Ein Teil der Wand ist entfernt worden, damit man die eigentümliche, eingestülpte Anlage des Scolex im Innern der Blase sieht.

zusaugen; da nun aber die Larven in ihren widerstandsfähigen
Hüllen den Darmkanal der Fliege unbeeinflußt passieren sollen,
andrerseits auch an deren Haarkleide anhaften können, wird man
kaum irre gehen, wenn man diese Insekten jedenfalls als einen der
„Bandwurmverbreiter" ansieht. — Kommt nunmehr eine solche
Kapsel mit ihrer Hakenlarve in den Darmkanal eines Schweines
hinein, so löst sich die Hülle auf und die Sechshakenlarve wird
frei. Sie dringt dann in eine Darmzotte ein, gerät auf diese Weise
in die Blut- oder Lymphbahnen und wird mit dem Flüssigkeits-
strome passiv in die Leber oder in andere Organe geführt, oft in
die Muskeln, in deren Capillaren sie, haltmachend, ihre Haken
abwirft und sich in eine mit wasserheller Flüssigkeit gefüllte
Blase umwandelt. Die Bandwurmlarve ist damit eine **Finne**
(ein **Blasenwurm**) geworden. Das Wirtstier umgibt gewöhnlich

die Finne mit einer Bindegewebskapsel. In der Wand der Finne wird sodann ein Zapfen gebildet, der ins Innere der Blase ragt; der Zapfen stellt eine eingestülpte Scolexanlage dar (Abb. 13, *b*). Auf dieser Entwicklungsstufe verharrt der Bandwurm, bis er gegebenenfalls mitsamt dem betreffenden Organ (Leber, Fleisch usw.) vom Endwirt (in diesem Falle einem Menschen) aufgenommen wird; dann wird die Bindegewebskapsel von den Verdauungsflüssigkeiten des Wirtes aufgelöst und die Scolexanlage (der Zapfen) als fertiger Scolex ausgestülpt. Dieser befestigt sich an der Darmwand und bildet durch beständig wiederholte Abschnürung an seinem Hinterende die ganze Proglottidenkette.

Dieser Bandwurm zeigt somit keinen Wechsel verschiedener Generationen, wie wir dies beim Leberegel kennen lernten, ihre Entwicklung beansprucht vielmehr nur einen Wirtswechsel, insofern die Entwicklung bis zur ausgebildeten Finne im Zwischenwirt (dem Schwein) geschieht, die nachfolgende Entwicklung bis zum geschlechtsreifen Individuum dagegen im Endwirt (dem Menschen). Bei anderen Bandwürmern gestalten sich die Verhältnisse verwickelter. Als Beispiel können wir den breiten Grubenkopf (*Dibothriocephalus latus* L., Abb. 12, *c*) heranziehen. Er wird als Sechshakenlarve in Freiheit gesetzt, wenn die „Eier" in Wasser geraten. Die Larve ist hier aber stark bewimpert. Sie dringt nun in einen kleinen Hüpferling (*Cyclops strenuus, Diaptomus gracilis*) ein, d. h. wird wahrscheinlich von diesem gefressen und bildet sich hier zu einer Zwischenform um. Wird der Hüpferling von einem geeigneten Fisch (Hecht, Quappe, Barsch, Forelle, Äsche, Maräne u. a.) gefressen, so verwandelt sich die Zwischenform, nachdem sie in die Muskulatur des Fisches eingedrungen, in eine Ruheform, die der Finne unserer übrigen Bandwürmer entspricht. Der Grubenkopf beansprucht somit nacheinander zwei Zwischenwirte, ehe er seine volle Entwicklung in einem Endwirt (Mensch, Hund, Katze, Fuchs) erreichen kann.

Die Verhältnisse sind auf alle Fälle derart, daß die Wahrscheinlichkeit dafür, daß das einzelne Individuum wirklich in den Endwirt hineingerät, außerordentlich gering ist. Deswegen muß die Vermehrung außerordentlich stark sein, und wir finden denn in der Tat auch, daß die Bandwürmer eine abenteuerlich große Eierzeugung entfalten. Die letztere wird namentlich durch eine Vergrößerung der Zahl der Fortpflanzungsorgane gefördert; jede

Proglottide erzeugt ihren Satz von Geschlechtsorganen und wird ihrerseits abgeworfen, wenn sie mit Eiern oder richtiger mit eingekapselten Sechshakenlarven gefüllt ist.

Die gewöhnlichsten Bandwürmer des Menschen sind der oben erwähnte **Einsiedlerbandwurm** (Abb. 12, *a*), der **unbewaffnete Bandwurm des Menschen** (*Taenia saginata* Goeze, Abb. 12, *b*), der mit mehr als 1000 Proglottiden 5—6 m lang wird, und der **breite Grubenkopf** (Abb. 12, *c*), der eine Länge von 9 m mit 3000—3500 Proglottiden erreichen kann. Bei diesen Bandwürmern stellt der Mensch den Endwirt dar. Am gefährlichsten von ihnen ist der Grubenkopf, der mitunter zu Tode führende Anämien bewirkt. Alle Bandwürmer des Menschen scheinen nervöse Erscheinungen auslösen zu können und nicht selten verursachen sie starkes Erbrechen. Dieses kann so heftig werden, daß abgefallene Proglottiden dadurch in den Magen des Patienten heraufgefördert und verdaut werden können, so daß die Sechshakenlarven ausnahmsweise im Endwirt selbst frei werden. Dadurch kann also ein Mensch ausnahmsweise „Zwischenwirt" werden, während gleichzeitig ein oder mehrere geschlechtsreife Individuen der nämlichen Bandwurmart in seinem Darm hausen. Soweit wir wissen, vermögen sich jedoch weder die Larven des unbewaffneten Bandwurms, noch die des Grubenkopfes beim Menschen weiter zu entwickeln, während der Einsiedlerbandwurm hier sehr wohl als Finne vorkommen kann; seine Blasenwürmer können höchst unangenehme und selbst gefährliche „Geschwülste" verursachen (Augen- und Gehirnfinnen!).

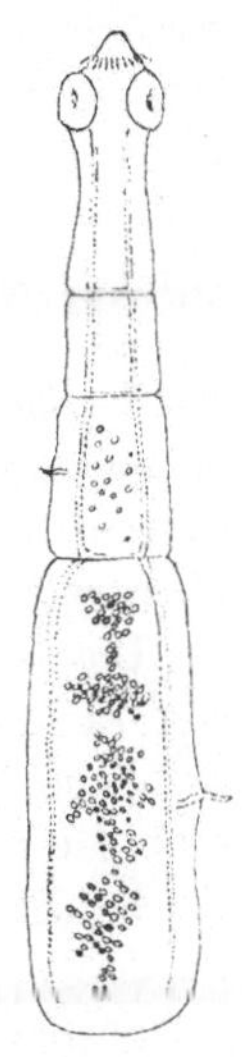

Abb. 14. Der dreigliedrige Bandwurm des Hundes (*Taenia echinococcus* Sieb.). Die Länge beträgt im ganzen nur 3 bis 4 mm. Seine Finnenstadien, die Echinokokken, können beim Menschen bösartige „Geschwülste" verursachen.

Wo die Reinlichkeit mangelhaft ist, wird der Mensch nicht selten mit dem **dreigliedrigen Bandwurm des Hundes** (*Taenia echinococcus* Sieb., Abb. 14) infiziert, dessen Zwischenwirt er sein kann. Dieser Bandwurm zeigt, wie der Name besagt, im erwachsenen Zustand gleichzeitig nur wenige (meist drei) Proglottiden; seine Eierzeugung ist verhältnismäßig klein. Dafür wird die Brutzahl durch eine eigentümliche Entwicklung der

Blasenwürmer vervielfältigt. Einerseits werden durch Einstülpungen der Blasenwand im Blaseninnern Tochterblasen gebildet (diese Tochterblasen erster Ordnung erzeugen in ihrem Innern wiederum oft Tochterblasen zweiter Ordnung). Andrerseits werden in der Wand jeder Tochterblase zahlreiche Scolices angelegt. Eine einzige Sechshakenlarve kann in dieser Weise einer ungeheuren Zahl erwachsener Bandwürmer Ursprung geben. Die in solcher Weise zusammengesetzten Blasenwürmer — die Echinokokken — können kindskopfgroß werden und in lebenswichtigen Organen (Leber, Gehirn usw.) bösartige Geschwülste hervorrufen; sie müssen somit als höchst gefährlich gebrandmarkt werden[1]. — Eine nahestehende Art, der Quesenbandwurm des Hundes (*Taenia coenurus* Sieb.) macht sein Finnenstadium sehr häufig im Nervensystem des Schafes durch; im Gehirn sitzend verursacht die *Coenurus*-Finne die „Drehkrankheit" des Schafes.

Die Bandwürmer können einmal durch die — in Deutschland seit einigen Jahren ja auch auf dem Lande durchgeführte — amtliche Fleischbeschau bekämpft werden. Gewöhnlich „treibt" man die voll entwickelten Bandwürmer beim Wirte ab, eine Methode, die auch bei Hunden und Katzen konsequent durchgeführt werden sollte, da Beispiele genug zeigen, daß ihre Bandwürmer gelegentlich Menschen als Zwischenwirte (Echinokokken) oder ausnahmsweise auch als Endwirte benutzen. Jedenfalls würde die Gefahr z. B. der Echinokokkeninfektion stark herabgesetzt werden, falls die üble Gewohnheit mancher Menschen, Hunde zu küssen oder sich von ihnen belecken zu lassen, endlich verschwände. Wenn die Hunde nicht peinlich sauber gehalten werden, haften sehr häufig die winzigen Proglottiden hier oder da an ihrem Fell. — Die Finnen unserer übrigen Bandwürmer werden durch sorgfältiges Kochen, Braten oder starkes Salzen von Fisch und Fleisch unschädlich gemacht.

(Das wirksamste Mittel zum Abtreiben der Bandwürmer beim Hund ist das aus einer Palme gewonnene Arecapulver und das

---

[1]) Die am Kranken oft nicht leichte Differentialdiagnose zwischen Echinokokkenblasen und anderen Geschwülsten wird neuerdings mit gutem Erfolge auf biologischem Wege gestellt. Es hat sich nämlich herausgestellt, daß im Blute des Echinokokkenträgers Stoffe kreisen, die mit Echinokokkenblaseninhalt eine Fällung (Präzipitation) sowie auch Komplementablenkung (im Sinne der Wassermannschen Syphilisreaktion) ergeben.

Kamalapräparat. Man muß unbedingt dafür sorgen, daß die abgetriebenen Tiere verbrannt oder durch Vergraben nach Abtötung mittels Formollösungen gewissenhaft unschädlich gemacht werden.)

Rundwürmer (Nemathelmintes oder Nematodes).

Wie der Name andeutet, zeigen die Rundwürmer einen kreisrunden Querschnitt; sie sind im Verhältnis zur Dicke sehr langgestreckt („Fadenwürmer", Nematodes). Ihre Mundöffnung ist an die Spitze des Vorderendes gerückt, während die Afteröffnung ein wenig vom Hinterende an die Unterseite des Tieres verschoben ist. Der Körper ist mit einer kräftigen Cuticula bekleidet, einer fast hornähnlichen Oberflächenschicht, die von den Epithelzellen herstammt. Die Rundwürmer sind fast ausnahmslos getrenntgeschlechtlich.

Die Nematoden bilden einen Seitenzweig der zentralen Entwicklungsreihe der Tiere. Das Zeugnis hierfür ist ihr eigentümlich abweichender Bau. Die Zwischenräume zwischen den Organen erscheinen nicht wie bei den Plattwürmern von Bindegewebe ausgefüllt, vielmehr findet man im Tiere einen großen Hohlraum, in dem der Darm und die Geschlechtsorgane frei liegen; da dieser Raum aber gegen den Darm nicht durch ein Epithelhäutchen („Peritoneum") abgeschlossen wird, entspricht er nicht der Leibeshöhle (dem „Cölom") der Anneliden und der höheren Tiere.

In der Parasitenkunde bilden die Rundwürmer einen der wichtigsten Abschnitte. In Menschen und Tieren hausen eine Unzahl von Rundwürmern aller biologischen Typen von fakultativ bis zu obligat parasitierenden, von temporären bis zu stationären Schmarotzern. Eigentümlich ist, daß die Nematoden fast ausnahmslos getrenntgeschlechtlich sind, während, besonders bei stationären Parasiten, sonst der Hermaphroditismus die Regel bildet. Ihre biologischen Verhältnisse sind sehr verschiedenartig, wie dies allein schon die in unseren Breitegraden im Menschen schmarotzenden Rundwürmer zeigen; entsprechend sind auch die Infektionswege ziemlich mannigfaltig. Zufällig schmarotzende Rundwürmer kann man dadurch erwerben, daß man Wasser aus stehenden sumpfigen Gewässern und ähnlichen Wasseransammlungen trinkt oder verdorbene Früchte, oder alten Essig genießt (Essigälchen), Halme kaut usw. Zu äußerem Gebrauch kann man in

unseren Gegenden im allgemeinen das Wasser ohne Gefahr unab-
gekocht verwenden. In wärmeren Gegenden aber — in Grubengewässern und dergleichen auch in Mitteleuropa — halten sich
Larvenstadien oder Zwischengenerationen („Rhabditis"-Stadien)
verschiedener der gefährlichsten parasitischen Rundwürmer im
Wasser auf und dringen, wenn sich ihnen Gelegenheit dazu bietet,
durch die menschliche Haut ein. Die berüchtigten Hakenwürmer
z. B. nehmen diesen Weg, um den Blutbahnen in die Lungen zu
folgen; von hier aus wandern sie durch die Bronchien und die
Speiseröhre in den Darmkanal, wo sie sich in geschlechtsreife Individuen umbilden und dysenterieähnliche Krankheitserscheinungen
hervorrufen. Noch weitere Infektionswege sind bekannt; so rührt
z. B. die widerwärtige „Filariosis" der Tropengegenden von Faden-
würmern her, deren Larvenstadien von Mensch zu Mensch durch
Mücken übertragen werden usw.

Eine ganze Reihe von Rundwürmern verursachen verheerende
Epizootien. Unsere Tierärzte berichten uns von „Lungenwürmern"
und „Magenwürmern" sowohl bei Haustieren wie auch bei Wild-
arten. Hirsch-, Reh- und Hasenbestände werden nicht selten durch
Wurmpneumonien verwüstet; in schottischen Jagdgefilden leiden
auch Moorhühner unter bösartigen Rundwurmepizootien. Praktisch
beherbergen alle unsere Nahrungstiere, zahme wie wilde, mehr oder
minder schädliche Rundwürmer; die Frage nach deren wirksamer
Bekämpfung aber harrt noch heute ihrer Lösung. Es rührt das zu
einem nicht unwesentlichen Teile daher, daß die biologischen
Verhältnisse der Schmarotzernematoden so stark variieren und
in vielen Fällen noch unvollständig aufgeklärt sind.

Der Spring- oder Madenwurm, Pfriemenschwanz (*Oxyuris
vermicularis* L., Abb. 15) ist wohl der gewöhnlichste Rundwurm
des Menschen; meist wird er als „unschädlich" angesehen; einige
Fachleute meinen jedoch, daß er mitunter die Ursache von Appen-
dicitis („Blinddarmentzündung") abgibt. Jedenfalls ist das
Würmchen unangenehm und häufig durch Erregen von Juckreiz
quälend; es tritt hauptsächlich bei Kindern auf. — Seine Biologie
bietet noch heute offene Fragen. Der erwachsene, fortpflanzungs-
fähige Wurm lebt im Dünndarm und Dickdarm. Reife Weibchen
kriechen nachts zur Afteröffnung heraus und legen ihre Eier hier
in den Falten ab, um danach in den Darm zurückzuwandern (?). Die
Eier folgen den Exkrementen des Wirtes. Die Wanderungen ver-

ursachen starken Juckreiz, der gewöhnlich schon auf „Würmer“
hindeutet. Wenn die Eier den Menschen verlassen, enthalten sie
schon kleine Larven; ihre Schale ist
außerordentlich widerstandsfähig und
wird erst von den Verdauungsflüssigkeiten eines neuen Wirtes aufgelöst.
— Es wird von mehreren Seiten behauptet, daß der Springwurm auch
höher oben im Dickdarm Eier ablegt,
von anderen Seiten her, daß eine
Selbstinfektion nur dadurch geschehen kann, daß Eier, an den Fingern
haftend, in den Mund geraten können. Die erstere Annahme stimmt
jedenfalls am besten mit der großen
Schwierigkeit der Bekämpfung über-
ein, die auch aus der großen Zahl
der „Wurmmittel“ erhellt. Ein in
jedem Falle wirksames Mittel scheint
bisher zu fehlen trotz Klistieren,
Naphthalin, Kalomel, Butolan und
vieler anderer Wurmmittel.

Der Spulwurm (*Ascaris lumbri-
coides* L.) kann noch unangenehmer
werden, ist aber glücklicherweise seltener. Während der Springwurm im
weiblichen Geschlecht nur 10 mm, im
männlichen gar nur 5 mm mißt, gehört der Spulwurm zu den größeren
Rundwürmern (♀ 20—40 cm, ♂ 15
bis 25 cm). Er sieht etwa wie ein
hellrötlicher Regenwurm ohne Gliederung aus. — Der *Ascaris* gibt uns
ein gutes Beispiel der Vermehrungs-
fähigkeit der Schmarotzer, insofern

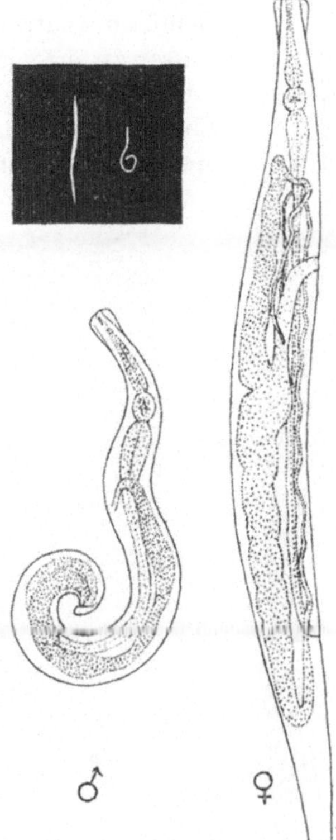

Abb. 15. Der Spring- oder
Madenwurm, *Oxyuris
vermicularis* L. (im dunklen
Felde in natürlicher Größe).
Man beachte besonders die
typische Form des Männ-
chens (eine 6) und die spitz
ausgezogene „Schwanzpar-
tie“ des Weibchens. Das
Männchen ist so klein und dünn,
daß man es in den Exkrementen des
Patienten leicht übersieht. (Nach
Neumann und Mayer, verändert.)

ein Menschenspulwurmweibchen nicht weniger als 64 Millionen
Eier enthält. Die befruchteten Eier gehen mit den Exkrementen des Wirtes ab; im Laufe einiger Zeit entwickelt sich
in jedem von ihnen ein Junges. Die Schale des Spulwurmes

ist ganz außerordentlich widerstandsfähig; das Ei kann monatelang in feuchter Erde liegen, ohne daß das Junge stirbt. Die Infektion scheint direkt von der Erde aus z. B. mit ungereinigten Gemüsen, Wurzelgewächsen u. dgl., seltener durch Trinkwasser zu erfolgen. Im Darme schlüpft das Junge aus, wandert während der ersten Entwicklung von hier die Blutbahnen entlang in die Lunge und kehrt durch die Speiseröhre nach dem Darm zurück, um zum geschlechtsreifen Spulwurm heranzuwachsen; als Wirte kommen Mensch und Schwein in Betracht.

Auch ein dritter beim Menschen sehr häufig vorkommender Rundwurm, der Peitschenwurm (*Trichocephalus trichiurus* L.), wurde lange als unschädlich betrachtet, neuerdings wird aber von mehreren Seiten behauptet, daß er gewisse Beziehungen zu infektiösen und lokalen Darmkrankheiten (wie Typhus und Blinddarmentzündung) haben kann. Der Peitschenwurm hat seinen Namen daher, das sein Vorderende in Gestalt eines Fadens weit ausgezogen ist; diese fadenförmige Partie wird in der Schleimhaut des Darmes verankert. Die Infektion scheint in derselben Weise wie bei den vorhergehenden Arten zu geschehen, entweder durch Trinkwasser oder

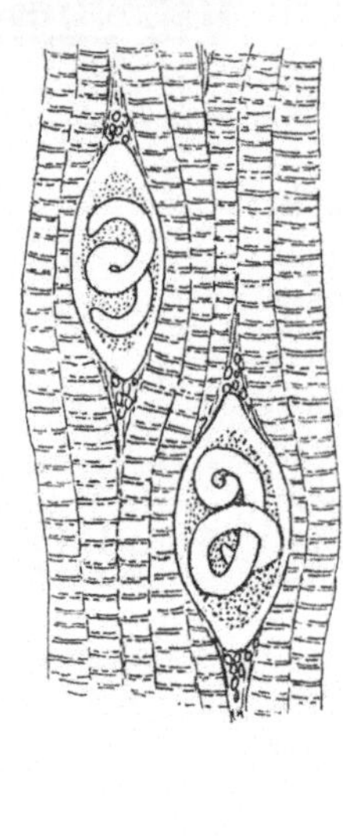

Abb. 16. Trichinen (*Trichinella spiralis* Owen.). Links ein erwachsenes Darmtrichinenweibchen Junge gebärend, rechts ein paar abgekapselte Muskeltrichinen in der Muskulatur. (Teilweise nach Neumann und Mayer, entworfen.)

mit verunreinigender Erde. Die Eier des Peitschenwurmes sind unglaublich widerstandsfähig. Es wird behauptet, daß sich die Larven im Ei 5 Jahre am Leben halten können.

Die Trichine (*Trichinella spiralis* Owen, Abb. 16) stellt unbedingt den gefährlichsten Rundwurm unserer Breitegrade dar.

Sie besitzt kein „freies" Stadium. In der Lebensgeschichte der Trichine unterscheiden wir zwischen zwei Abschnitten oder Stadien, Darmtrichine und Muskeltrichine. Als erwachsenes, fortpflanzungsfähiges Individuum lebt die Trichine im Darm des Wirtstieres (Darmtrichine); das Männchen wird nur 1,5 mm, das Weibchen 3—4 mm lang. Nach der Paarung stirbt das Männchen bald; das Weibchen dagegen bohrt sich mit seinem Vorderende so weit in die Zotten der Darmwand ein, daß die Jungen bei der Geburt direkt in die Lymphbahnen des Wirtes hineingeraten (die Trichine gebiert also Junge, legt nicht Eier ab, wie die bisher erwähnten Rundwürmer tun). Die Zahl der Jungen wird etwas verschieden geschätzt, von 200—15 000, im Laufe eines Monates jedoch einige tausend. Wenn die Jungen geboren sind, stirbt auch das Weibchen. — Die kleinen Trichinenjungen gelangen mit dem Lymphstrom in die Blutgefäße des Wirtes und folgen dem Blutstrom in die Muskeln. Sie machen vorzugsweise in stärker betätigten, d. h. in reichlich durchbluteten Muskeln (Zwerchfell, Halsmuskeln, Augenmuskeln) halt und dringen hier in die Muskelfasern selbst hinein, die sie zum Zerfall bringen. Die Zerfallsstoffe dienen der kleinen Muskeltrichine als Nahrung. Im Laufe von ein paar Wochen wächst die Trichine bis auf etwa 1 mm heran. Dann rollt sie sich meist spiralig ein, und der Wirtsorganismus isoliert sie dadurch, daß er sie mit einer Bindegewebskapsel umgibt, die in $^1/_2$—1 Jahr verkalkt. In dieser Kapsel kann sich das Trichinenjunge lange Zeit (beim Schwein jedenfalls 11 Jahre, beim Menschen 25—30 Jahre) lebend erhalten. Wird nun das Fleisch des Wirtes binnen dieser Frist von einem anderen Tiere gefressen, so löst dessen Magensaft die Kapsel auf. Die Trichine wird frei und entwickelt sich im neuen Wirt zur erwachsenen Darmtrichine. Die Trichine beansprucht somit zur Vollendung ihrer Entwicklung einen Wirtswechsel; es fehlt ihr aber ein Generationswechsel wie der des Leberegels, ebenso eine Verwandlung wie die der Bandwürmer. — Mit den meisten sonstigen Parasiten verglichen hat die Trichine eine verhältnismäßig bescheidene Fortpflanzungsintensität. Denken wir an die zahlreichen, mit Eiern gefüllten Proglottiden der Bandwürmer oder an die 64 Millionen möglicher Nachkommen eines Spulwurmweibchens, so erscheint die Zahl der Jungen bei den Trichinen merkwürdig niedrig. Dies muß mit der verhältnismäßig großen Zahl und Verbreitung der

Trichinenwirte in Zusammenhang stehen. Der Wurm lebt sowohl bei Omnivoren (Menschen, Schweine, Ratten) wie bei Raubtieren (Katzen, Hunden, Füchsen, Mardern, Bären), d. h. bei Tieren, die Fleisch fressen und voneinander leben. Die Trichinenkrankheit, die Trichinose, ist in jedem Falle lebensbedrohend, und der Kampf gegen sie muß als Vorbeugung in Gestalt sorgsamer Fleischbeschau und gewissenhafter Küchenzubereitung des Fleisches — besonders des Schweinefleisches — mittels Braten oder Kochen geführt werden.

Auch der Hakenwurm (*Ankylostomum duodenale* Dub.) ist höchst gefährlich. Der erwachsene Wurm lebt im Dünndarm, wo er — sich in die Schleimhaut tief eingrabend — die Darmwand verletzt und Blutungen verursacht; die dadurch verursachte Krankheit ist als „ägyptische Chlorose", Tunnelkrankheit oder Bergwerkskrankheit wohl bekannt, zumal sie auch in Mitteleuropa weite Verbreitung hat. — Die Eier gehen mit den Exkrementen des Wirtes ab; aus ihnen entwickeln sich im Kot 0,7—0,8 mm große Larven, die in feuchter Erde oder in Wasser eindringen und nunmehr das infektiöse Stadium darstellen. Auf die Haut gebracht, dringen sie in die Blutbahn ein und wandern durch die Lungen in die Speiseröhre und von hier aus in den Dünndarm, um dort zu geschlechtsreifen Individuen heranzuwachsen. Die erste Larvenentwicklung beansprucht etwas höhere Temperaturen (am besten ungefähr 20° C oder noch etwas mehr); direktes Sonnenlicht vertragen die Larven nicht, und auch diffuses Licht wirkt hemmend auf ihre Entwicklung. Hierdurch erklärt es sich, daß die Hakenwürmer in Mitteleuropa in ihrem Auftreten wesentlich an unterirdische feuchte Stellen gebunden sind. — Der Kampf hat hauptsächlich ein vorbeugender zu sein: Die Exkremente der Erkrankten müssen sorgfältig vernichtet werden und das Hantieren mit der Grubenerde und den Grubengewässern darf nur unter Anwendung gewisser Schutzmaßnahmen geschehen [1]).

Ringelwürmer (Anneliden).

Auch bei den Anneliden weist der Körper annähernd runden Querschnitt auf und ist von einer Cuticula bedeckt; die Mund-

---

[1]) Als ganz gelegentliche Schmarotzer kann man mitunter bei Menschen auch Kratzer (*Acanthocephalen*) vorfinden, die den Rundwürmern sehr nahe stehen und oft zu dieser Gruppe gestellt werden.

öffnung befindet sich am Vorderende, ein wenig nach der Unterseite verschoben, während die Analöffnung ganz nach hinten an das Körperende verlagert ist. Das Hauptmerkmal der Anneliden besteht darin, daß ihr gesamter Körper infolge der eigenartigen Anordnung und Entwicklung der Organe als eine Reihe von Gliedern (Segmenten) erscheint. Diese Glieder treten bei vielen Ringelwürmern (Regenwürmern, Borstenwürmern der Meere) auch äußerlich deutlich zutage, bei anderen Anneliden dagegen, wie den Egelwürmern, entsprechen die äußerlich sichtbaren „Glieder" den Segmenten der inneren Organisation nicht; im letzteren Falle ist die äußerlich sichtbare Gliederung somit eine „falsche".

Die Anneliden zeigen in ihrer gesamten Organisation eine höhere Entwicklungsstufe als die übrigen Würmer. Ihre Organe sind in ihren Funktionen hoch spezialisiert; auch begegnen wir in ihrem Innern einer typischen Leibeshöhle (Cölom), deren Wand mit einer besonderen Epithelhaut, dem Peritoneum, tapeziert ist. Verschiedene Organe sind mittels dieser Epithelhaut in der Körperhöhle aufgehängt.

Die größte Gruppe der Anneliden, die Borstenwürmer, bieten kein besonderes hygienisches oder drogengewerbliches Interesse, wenngleich die Regenwürmer durch ihre Bearbeitung der Ackerkrume für den Menschen eine ungeheure Bedeutung haben. Dagegen hat die abweichende kleine Gruppe der E g e l w ü r m e r besonders früher im Dienste der Medizin eine nicht unerhebliche Rolle gespielt.

Die E g e l w ü r m e r haben an jedem Ende einen Saugnapf; der vordere, der den Mund umgibt, ist oft sehr schwach ausgebildet, wogegen der hintere gewöhnlich kräftig entwickelt ist. Bei kriechender Bewegung heften die Egelwürmer ihre Saugnäpfe abwechselnd an, unter entsprechender Biegung und Streckung des Körpers; sie kriechen also nach Art der Spannerraupen; daneben sind sie meist auch tüchtige Schwimmer, wobei sie sich durch Schlängelung des Körpers im Wasser fortbewegen. Alle Egelwürmer sind temporäre blutsaugende Außenschmarotzer, mehrere von ihnen Zwischenwirte, z. B. für einzellige Blutparasiten von Fischen. Eine Gruppe von ihnen, die Kieferegel, trägt im Munde drei scharfe Chitinzähne oder Kiefer, mit deren Hilfe sie die Haut von Wirbeltieren durchbeißen können; gleichzeitig sondern hier die Speicheldrüsen ein Ferment „Antikoagulin", ab, einen Stoff, der das Gerinnen des Blutes beim Wirtstier verhindert. Diese Eigenschaften der Gattung *Hirudo* hat man früher[1]) sehr ausgiebig beim Aderlaß ausgenutzt, als man von Antisepsis noch nichts wußte. Besonders wurde hierzu der m e d i z i n i s c h e B l u t e g e l (*Hirudo medicinalis* L., Abb. 17) herangezogen, der jetzt im allgemeinen nur noch in Südeuropa — hauptsächlich in Ungarn und auf der Balkanhalbinsel, aber auch in Frankreich — „wild" lebt. In Deutschland wird er — von ganz vereinzeltem Freivorkommen abgesehen — an einigen Stellen

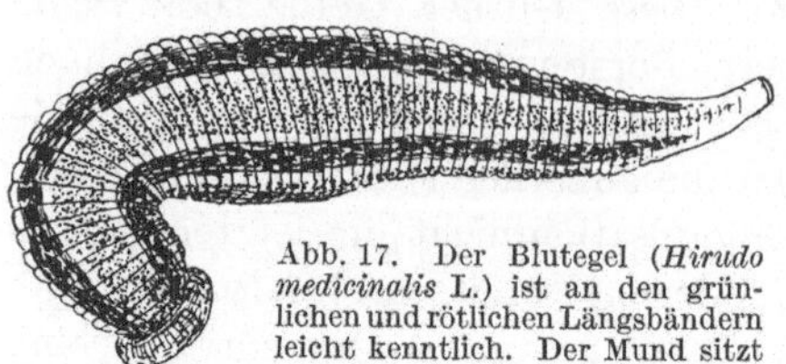

Abb. 17.   Der Blutegel (*Hirudo medicinalis* L.) ist an den grünlichen und rötlichen Längsbändern leicht kenntlich. Der Mund sitzt am schmalen Vorderende, dessen Saugnapf sehr schwach entwickelt ist, während das Hinterende durch seinen wohlausgebildeten und auffälligen Saugnapf auffallend gekennzeichnet ist.

in Teichen gezüchtet zwecks Gewinnung des Antikoagulins für medizinische Zwecke. Er ist wegen seiner Gestalt und Farbe (grüne und rote Längsbänder) leicht kenntlich, unterscheidet sich jedenfalls durch diese auffällig von dem gewöhnlichen großen, fast schwarzen Pferdeegel, der zu schwache Kiefer hat, um die Haut des Menschen zu durchbeißen.

(Die rein marinen S t a c h e l h ä u t e r (E c h i n o d e r m e n), eine in sich gut abgegrenzte Tiergruppe, die Seelilien, Seesterne, Schlangensterne, Seeigel und Seewalzen umfaßt, sind für den Menschen praktisch nicht besonders wichtig, insofern nur einige Seewalzen in Ostasien als „Trepang" gegessen, andere in nordischen Meeren gelegentlich bei der Fischerei als Köder benutzt werden. Eine kleine Anzahl tropischer Seeigel wird gelegentlich durch ihre Giftabwehrwaffen (Stacheln, die mit Giftdrüsen in Verbindung stehen) dem Menschen lästig, z. B. der um Ceylon heimische *Asthenosoma urens* und gewisse indopazifische Diadematiden.)

Weichtiere (Mollusken).

Die W e i c h t i e r e zeigen einen ziemlich verwickelten Bau, von dem wir uns hier nur einige Züge vergegenwärtigen wollen. Außen sind die Mollusken mit einem „M a n t e l" versehen, der bei den

---

[1]) Heute in Europa praktisch nur noch in der Volksmedizin.

meisten Arten eine verkalkte Schale ausscheidet. Als Bewegungsorgan dient der Mehrzahl der Arten ein wohlentwickelter Fuß. — Einige der Weichtiere boten früher und bieten auch heute noch gewerbliches Interesse; mehrere dienen als menschliche Nahrung.

Die primitivsten Formen der Weichtiere werden als eine eigene Unterabteilung, die „Urmollusken", zusammengefaßt; es sind mehr oder weniger plattgedrückte Tiere, meist mit einer aus einer Plattenreihe zusammengesetzten Rückenschale, die ihren Trägern eine gewisse äußere Ähnlichkeit mit einer Kellerassel oder einem Käfer verleiht. Die Tiere tragen deswegen auch z. T. die Volksbezeichnung „Käferschnecken". Nur mit den übrigen drei größeren Molluskengruppen, den Muscheln, Schnecken und Tintenfischen, haben wir uns näher zu befassen.

Die M u s c h e l n (Lamellibranchier) sind dadurch ausgezeichnet, daß ihr Mantel, dem Vorsatzpapier eines Buches ähnlich, vom Rücken jederseits des Körpers herabhängend, eine zweiklappige Schale ausscheidet. Somit entstehen eine rechte und eine linke Schale, die an der Rückenseite mittels eines Ligamentes zusammenhängen. Die Schale wird von einer Kombination von kohlensaurem Kalk (meist Aragonit) und einer hornähnlichen Eiweißverbindung, Conchin (Conchiolin) gebildet. Sie zeigt einen peripherischen Größenzuwachs mit dem Schalennabel (Umbo) als Zentrum. Die äußere Randpartie des Mantels scheidet reines Conchin ab und bildet einen äußeren („epidermalen") Überzug über die Schale. Eine benachbarte schmale innere Zone bildet prismatische Kalksäulchen, die durch dünne Conchinlamellen zusammengekittet sind; hierdurch wird eine mittlere, glanzlose „Prismenschicht" hergestellt, in der die Prismen senkrecht zur Oberfläche gestellt sind. Die Hauptpartie des Mantels sondert die Perlmutterschicht ab, die innere Partie der Schale, die aus abwechselnden, dünnen, planparallelen Lamellen von Kalk und Conchin besteht; je dünner und gleichzeitig dichter diese Lamellen sind, um so stärker und spielender wird der Glanz der P e r l m u t t e r. Gerät ein Fremdkörper zwischen die Schale und den Mantel hinein, so wird der letztere gereizt; es erfolgt gesteigerte Absonderung von Schalensubstanz, und als Folge davon entstehen Perlbildungen (am Mantelrande hornähnliche Conchinperlen, in der schmalen Zwischenzone glanzlose Prismenperlen, in der zentralen Partie Perlmutterperlen). Nur wenn der Fremdkörper, von einer Epithelinsel umgeben, in den Mantel hineingerät, wird eine freie „komplette“ Perle gebildet, sonst sitzt diese als Auswuchs an der Innenseite der Schale befestigt. In unseren Breitengraden kommen das technisch verwertete Perlmutter und die wertvollen Perlen fast ausschließlich von der Süßwasserperlmuschel (*Unio margaritifera* L., Abb. 18), die in mitteleuropäischen Gebirgsbächen (z. B. im Fichtelgebirge, Böhmer Wald, Sachsen, Hannover), ferner in schottischen und skandinavischen Flüssen lebt. Die große tropische Perlenfischerei beruht dagegen auf der echten Perlmuschel (*Meleagrina margaritifera* L.), die im indopazifischen und westindischen Meeresgebiet lebt. Steigende Bedeutung gewinnt neuerdings die von japanischen Forschern angebahnte Methode der „Züchtung künstlicher Perlen“ durch planmäßige Versetzung von Epithelstückchen in den Mantel von Perlmuscheln.

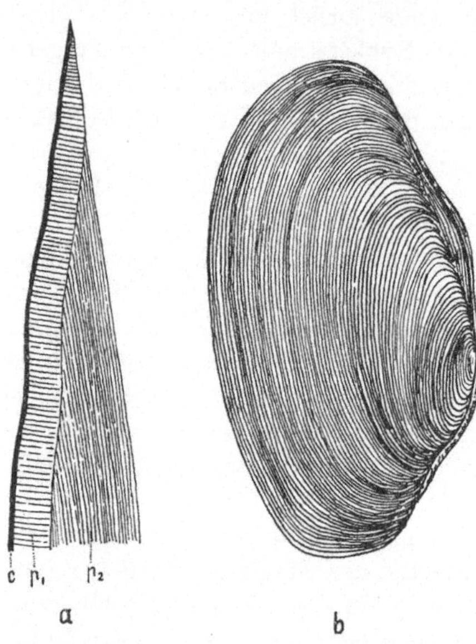

Abb. 18. Perlmuscheln. *a* schematischer Längsschnitt durch die Randzone einer Muschelschale (*c* die epidermale Conchinschicht, p_1 die Prismenschicht und p_2 die Perlmutterschicht). *b* unsere Flußperlmuschel (*Unio margaritifera* L.), nach Böving-Petersen und Dreyer.

Mehrere Muscheln werden als menschliche Nahrung verwendet; besonders wichtig ist aus diesem Grunde die Auster. Mitunter werden durch Austerngenuß schwere Vergiftungen verursacht. Leider ist man über die Bedingungen, unter denen die Austern giftig sind, noch nicht völlig im Klaren, kennt auch die chemische Natur dieser Gifte noch nicht. Erwiesen ist nur, daß eßbare Muscheln sehr oft in der Nähe von Städten giftig sind, und daß die Giftigkeit zu den Abwässern der Städte irgendwie in Beziehung steht.

Bei den Schnecken (Gastropoden) ist der Mantel nicht geteilt, sondern bildet einen zusammenhängenden Überzug über dem

Eingeweidesack des Tieres. Meist richtet er sich auf und nimmt gleichzeitig eine spirale Drehung an; hierdurch wird auch die Schale (das Schneckenhaus), die an der Oberfläche des Mantels entsteht, in eine engere oder lockerere Spirale eingerollt. Die Schale bietet bei den Schnecken gewöhnlich kein besonderes praktisches Interesse; dafür hat aber eine eigentümliche Drüse der Mantelhöhle bei einigen von ihnen eine gewisse Bedeutung gewonnen. Die genannte Drüse, die Purpurdrüse, sondert ein farbloses Sekret ab, das an der Luft eine stark purpurne Farbe annimmt; es wurde besonders in früheren Zeiten als Grundlage der Purpurindustrie benutzt.

Diese Industrie war namentlich in den Mittelmeerländern hochentwickelt, wurde aber wohl bis etwa zu Anfang des 19. Jahrhunderts auch in Skandinavien betrieben, wo eine Purpurschnecke (*Polytropa lapillus* L., Abb. 19) an der Westküste in der Gezeitenzone massenhaft lebt.

Ihre höchste Entwicklung erreichen die Mollusken in den Tintenfischen (Cephalopoden), die jedoch gleichzeitig in vieler Beziehung am meisten von dem abweichen, was wir

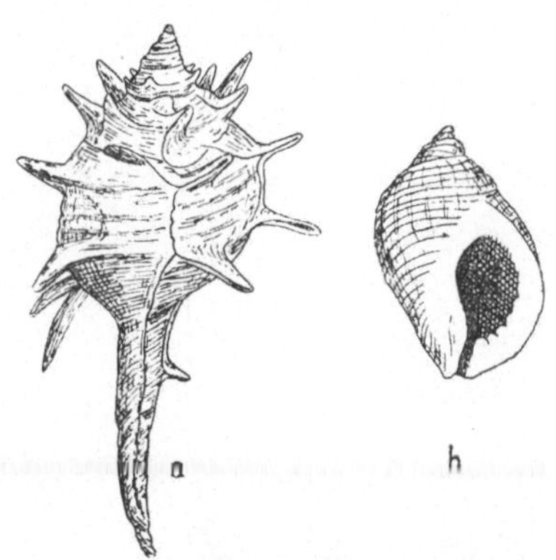

Abb. 19. Purpurschnecken. *a* eine der praktisch häufiger verwerteten *Murex*-Arten des Mittelmeeres. *b* die nordische Purpurschnecke *Polytropa lapillus*. Beide etwas verkleinert.

uns unter dem Begriff Weichtier gewöhnlich vorstellen. Der Mund wird von 8 oder 10 wohlentwickelten, mit zahlreichen Saugnäpfen versehenen Armen umgeben; bei den zehnarmigen Tintenfischen sind zwei von den Armen besonders lang und tragen Saugnäpfe nur an der äußeren Partie. Der eigentliche Körper ist in den Mantel gehüllt; zwischen dem letzteren und der Unterseite des Körpers (der Bauchseite) finden wir eine ziemlich geräumige Mantelhöhle, in der die Atmungsorgane (Kiemen) des Tieres ihren Sitz haben. Am Boden der Mantelhöhle hat das Tier eine „Tintendrüse", die eine tinten- oder tuscheähnliche Flüssigkeit absondert. Vorn unter den Armen ist der Mantelrand an der Unterseite des Körpers mittels einer Verschlußeinrichtung befestigt; ein Teil des „Fußes“ ist zu einem Trichter umgebildet, der seine weitere Öffnung in der Mantelhöhle hat, während sein Ausflußrohr zwischen den Armen nach vorn gerichtet ist. Wenn nun der Tintenfisch seine Mantelhöhle mit Wasser gefüllt hat und dieses durch den Trichter ausspritzt, wird er mit einem Ruck nach hinten getrieben. Erschrickt das Tier, so entleert es gleichzeitig auch den Inhalt des Tintenbeutels durch die Mantelhöhle und den Trichter ins Wasser, so daß es in einer Wolke von „Tinte“ verschwindet. — Die wenigsten Tintenfische besitzen eine äußere Schale; dagegen findet man oft eine mehr oder minder wohlentwickelte innere Schale, die in einer Einbuchtung der Rückenpartie des Mantels im Tiere gebildet wird.

Unter den Tintenfischen hat wohl nur eine Art (*Sepia officinalis* L., Abb. 20) technisches Interesse; diese Art, die S e p i e, lebt im Mittelmeere und dem Atlantischen Ozean; ihre

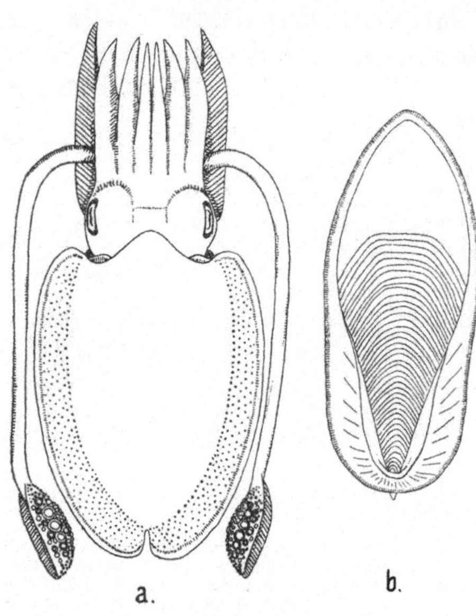

a. b.

Abb. 20. *a* die Sepie (*Sepia officinalis* L.) von oben, stark verkleinert; sie ist im Leben braun gefärbt mit helleren und dunkleren Querbändern der Rückenseite. *b* der Rückenschulp („O s s e p i a e“) von unten gesehen. Nach NAEFF.

Schalen werden nicht selten auch an den Nordseeufern an Land geworfen. Sepiaschalen werden in den Apotheken als „O s s e p i a e“ verhandelt und spielten früher in der Medizin eine Rolle; jetzt benutzt man die aus scharfen dichtgestellten Kalklamellen bestehenden Schulpe nur zum Glätten hölzerner Flächen, die poliert werden sollen, und als Kalkzusatz zum Futter bei der Zucht der Kanarienvögel. Der nämliche Tintenfisch liefert in seiner Tintenflüssigkeit die Grundlage für die Darstellung der S e p i a f a r b e.

Gliedertiere (Arthropoden).

Bei den Gliedertieren ist der Körper annähernd in derselben Weise wie bei den Ringelwürmern in Segmente zerlegt. Ihr Körper ist von einem stärker oder schwächer entwickelten chitinigen äußeren Skelett bedeckt, das oft durch Inkrustation mit kohlensaurem Kalk noch weiter verstärkt wird. Der Vergleich mit den Ringelwürmern offenbart aber einige durchgehende Unterschiede von Bedeutung: Die Arthropoden haben Bewegungsorgane entwickelt, die als durch Gelenke bewegliche Gliedmaßen auftreten; weiterhin zeigen hier die Segmente der einzelnen Körperabschnitte eine Neigung, sich in verschiedenartige Komplexe zusammenzuschließen (die Körperabschnitte: Kopf, Brustpartie oder Thorax und Hinterkörper oder Abdomen).

Die Gliedertiere umfassen eine ungeheure Anzahl von Tierarten, die nach ihren Atmungsorganen in zwei große Hauptgruppen zerfallen, in kiemenatmende Krebstiere und Tracheaten.

Krebstiere (Crustaceen).

Wenn überhaupt entwickelt, stellen die Atmungsorgane der Krebstiere Kiemen dar. Die Krebstiere leben mit anderen Worten im allgemeinen im Wasser, nur einige wenige von ihnen, wie die Kellerasseln, halten sich an feuchten Stellen (in Kellern, unter Steinen, in feuchtem Laub usw.) auf. Die Kruster sind in erster Linie Aasfresser und somit an der Beseitigung des Unrats beteiligt. Einige von ihnen dienen, ohne selbst Schmarotzer zu sein, als Zwischenwirte für wichtige Parasiten; auf Seite 24 wurde bereits erwähnt, daß einige Hüpferlinge (Copepoden) den Zwischenwirt des breiten Grubenkopfes des Menschen abgeben. In den Tropen sind andere solche winzig kleine Süßwasserkrebse Zwischenwirte unangenehmer Rundwürmer, z. B. des „Medinawurms"; in letzterem Falle wird der Mensch dadurch infiziert, daß er solche winzige Krebse mit dem Trinkwasser verschluckt. — Gedacht sei schließlich der Eigenschaft des Flußkrebses (*Potamobius astacus* L.), in üblicher Weise gekocht genossen, bei manchen Menschen quälende Nesselsucht (Urticaria) zu bewirken.

Tracheaten.

Die Tracheaten sind nach ihren Atmungsorganen benannt worden. Diese bilden fast immer röhrenförmige, meist verzweigte

Hauteinstülpungen oder „Tracheen", deren Wände durch spiralig verlaufende feine Chitinleisten abgesteift sind (der Name rührt von der Ähnlichkeit mit der menschlichen Kehle oder „Trachea" her). Die Tracheaten sind luftatmende Tiere; wenn sie ausnahmsweise im Wasser leben, müssen sie im allgemeinen zur Oberfläche heraufsteigen, um Luft zu holen. — Die Tracheaten zerfallen in die drei großen Hauptgruppen der Tausendfüßler, Spinnentiere und Insekten. Die erstere Gruppe umfaßt in unseren Breitengraden weder hygienisch noch drogentechnisch wichtige Tiere, wogegen einige größere tropische Formen wegen ihrer Giftigkeit gefährlich werden können. Die beiden letztgenannten Gruppen aber spielen eine um so größere Rolle. Die Forschungen der letzten Jahrzehnte haben uns immer klarer gezeigt, daß besonders die Insekten in hygienischer Beziehung für uns Menschen außerordentlich gefährlich werden können. Jedes Jahr erbringt neue Gesichtspunkte dafür, daß die Beziehungen der Insekten zu Menschen und Tieren eines der Hauptprobleme in epidemiologischer Beziehung überhaupt bilden.

Spinnentiere (Arachnoidea).

Völlig entwickelte Spinnentiere besitzen vier Paar Gangbeine und vor diesen zwei Paar „Mundfüße"; bei einigen Formen ist das hintere (zweite) Mundfußpaar stärker entwickelt, oft auch kräftiger als die Gangfüße, und dann nicht selten mit einer „Schere" ausgestattet.

Viele Spinnentiere sind als ein giftiges Ungeziefer zu betrachten. Man muß sich besonders in den Tropen hüten, sie als Spielzeug zu behandeln; sie werden von vielen Seiten geradezu als das giftigste Ungeziefer angesehen, das überhaupt am Leben ist. Die Skorpione, die — schon in Südeuropa häufig — in den Tropen allgemein verbreitet sind, haben ihre Giftdrüse im hinteren Teil des langen und schmalen Hinterkörpers nahe dem Grunde des Giftstachels, mit dem der Körper abschließt; die rein tropischen Geißelskorpione besitzen dagegen ihr Gift im Bereich der Mundfüße. Oft hört man auch unsere Spinne als „giftig" bezeichnen, und bekanntlich haben viele Menschen einen Widerwillen gegen sie; mit Rücksicht darauf, daß die Mehrzahl der bei uns heimischen Spinnen wichtige Mücken- und Fliegentöter sind, muß man indes ihrer Verfolgung unbedingt entgegentreten. Richtig ist, daß auch unsere Spinnen beim Biß Gift verwenden, sie vermögen aber damit dem Menschen nicht zu schaden. Dagegen sind die „Taranteln", „Malmignatten" und einige andere Spinnen wärmerer Gegenden auch für Menschen gefährlich; es gibt Gegenden, wo man die Taranteln mehr fürchtet als menschliche Räuber. In der menschlichen und Tierheilkunde spielt aber eigentlich nur die letzte Hauptgruppe der Spinnentiere, die Milben, eine wirklich bedeutende Rolle.

Eine ganze Reihe von *Milben* (Acarinen) sind Schmarotzer; wir finden unter ihnen sowohl gelegentliche Parasiten (die blutsaugenden Zecken, Vogelmilben usw.) als auch stationäre Schmarotzer (Krätze- oder Räudemilben); die letzteren schmarotzen das ganze Leben hindurch, andere Milben nur während eines Teiles ihres Daseins (z. B. die Laufmilben nur als „Larven"), die meisten Zecken nur während des Blutsaugens, dafür aber auf jeder Entwicklungsstufe.

Der Milbenkörper hat meist jede äußerlich sichtbare Gliederung aufgegeben, so daß die Körperabschnitte ohne äußerlich vortretende Grenzen ineinander übergehen. Die beiden Mundfußpaare sind gemäß der Lebensweise in Geräte zum Beißen, Stechen oder Saugen umgewandelt. Die Tracheen sind sehr verschieden entwickelt und fehlen besonders bei stationär parasitierenden (und wasserlebenden) Arten oft gänzlich. — Die Milbenlarve besitzt nur drei Gangfußpaare; der ungeübte Untersucher läuft deswegen Gefahr, solche Larven mit flügellosen kleinen Insekten wie Läusen u. dgl. zu verwechseln.

Nur gelegentlich treten die Larven (*Leptus*-Formen) der gewöhnlichen roten E r d m i l b e (*Trombidium holosericeum* L.) bei Menschen schmarotzend auf und erregen dann eine unangenehme Hauterkrankung (Herbsterythem), das besonders landwirtschaftliche Arbeiter befällt. Noch unangenehmer sind die Z e c k e n (Abb. 21, *a*), die jedenfalls gewisse Haustierkrankheiten (Hämoglobinurie der Rinder, s. S. 12) übertragen. Unseren Arten nahestehende tropische Formen bewirken die Übertragung von Spirochätenkrankheiten. Eine Besonderheit der Zecken besteht darin, daß sie auf jedem Entwicklungsstadium nur einmal Blut saugen: das Weibchen saugt Blut, um seine Eier ablegen zu können, die Larve, um sich in eine „Nymphe" zu verwandeln, und die Nymphe um sich zu häuten und geschlechtsreif zu werden. Wenn nun ein

Zeckenweibchen z. B. von einem hämoglobinuriekranken Rind
Blut saugt, kann es durch seine Nachkommen die Krankheit auf
ein neues Tier übertragen, wenn dieses von den Zeckenjungen
befallen wird. Daß solche Wanderungen stattfinden, ist experi-
mentell nachgewiesen worden. Noch nicht gelungen ist es aber
bis jetzt, den Hämoglobinurieflagellaten im Zeckenei aufzu-
finden, obgleich wir ja wissen, daß er in irgendeiner Form dort
vorhanden sein muß. — Ganz ähnlich stellen sich die Verhältnisse
bei mehreren Tropenmilben und Spirochäten. Auch was den gewöhnlichen Holzbock oder die Hundszecke (*Ixodes ricinus* L.,

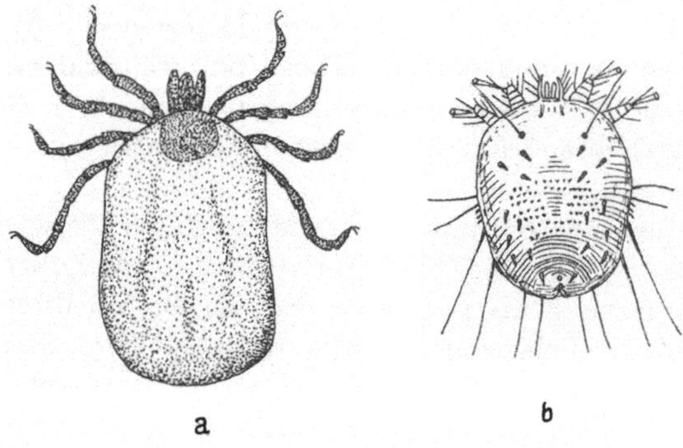

Abb. 21. Parasitische Milben. *a* der Holzbock (*Ixodes ricinus* L.), ungefähr so groß
wie eine graue Erbse. *b* die Krätzemilbe (*Acarus siro* L.), erreicht höchstens eine Länge
von 0,45 mm.

Abb. 21, *a*) betrifft, der in ganz Mittel- und Nordeuropa allgemein
verbreitet ist, so sind deren Lebensverhältnisse noch nicht völlig
klargelegt worden.

Vogelmilben wie die Taubenmilbe (*Dermanyssus gallinae* de
Geer) und die Schwalbenmilbe (*Dermanyssus hirundinis* Her-
mann) werden nicht selten zu einer Plage, die erstere besonders
dort, wo viele halbzahme Tauben in Wohnhäusern ihren Zufluchts-
ort haben; beide rufen krätzeähnliche Ekzeme hervor.

Unter den stationär schmarotzenden Milben müssen wir in
erster Reihe der Krätzmilbe (*Acarus siro* L., Abb. 21, *b*) gedenken, die, eine große Verbreitung aufweisend, vielerorts unter
die Kontrolle der beamteten Ärzte gestellt wurde. Die Krätzmilbe
ist sehr klein, das Männchen 0,2—0,3, das Weibchen 0,3—0,45 mm
lang. Die Tiere leben in Gängen oder Nischen, die sie sich in der

Haut graben („Grabmilben"). Beim Menschen befallen sie besonders die dünnhäutigen Partien des Körpers. Die Gänge können einen Zentimeter lang oder noch länger sein; an ihrem inneren, blinden Ende sitzt das Weibchen. Die Gänge sind mit einer Mischung von Milbenkot und Eiern gefüllt. Die Eier entwickeln sich an Ort und Stelle zu sechsbeinigen Larven und weiter zu Nymphen und geschlechtsreifen Individuen und bedürfen somit keines Wirtswechsel. Die K r ä t z e ist indes sehr ansteckend. Es sind die jungen Weibchen, die infizieren, indem sie von einem zum anderen Menschen wandern, gewöhnlich wohl direkt, aber auch wohl durch Vermittlung der Betten. Solche vagabundierende Weibchen sind geschlechtsreif und tragen in sich befruchtete Eier, die abgelegt werden, nachdem die Tiere beim alten oder einem neuen Wirt angefangen haben, sich einen neuen Gang zu graben. — Durch ihre Tätigkeit rufen die Krätzmilben außer starkem Juckreiz bei Menschen und Tieren unangenehme Krustenbildungen und Ekzeme hervor. Sie können von Tieren auf Menschen und umgekehrt übertragen werden. Sauberkeit im Verkehr mit Mitmenschen und Tieren ist deswegen eins der besten Mittel gegen Krätzmilben.

Wir kennen auch Räudemilben, die nur bei Tieren (z. T. auch bei Haustieren) vorkommen, aber sozusagen nicht auf den Menschen übersiedeln, jedenfalls hier nicht längere Zeit gedeihen. — Eine Haarbalgmilbe des Hundes verursacht Haarausfall und hartnäckige räudeähnliche Hauterkrankungen; sie läßt sich von der Haarbalgmilbe des Menschen (*Demodex folliculorum* Simon) nur schwer unterscheiden, welche letztere jedoch gänzlich unschädlich zu sein scheint und keinerlei Unannehmlichkeiten verursacht [1].

Insekten (Insecta).

Die I n s e k t e n bilden eine in sich wohlabgegrenzte Gruppe, innerhalb der das völlig entwickelte, erwachsene Tier (Imago) einen in den Hauptzügen auffällig einförmigen Bau aufweist. Sie besitzen drei Gangfußpaare und zwei Flügelpaare, die jedoch reduziert sein können, so daß manche Insekten nur ein Paar

---

[1] Zu den Milben zählt man sehr gewöhnlich auch die Z u n g e n w ü r m e r (*Linguatuliden*), die mitunter besonders als Larvenstadien bei Menschen als inwendige Parasiten schmarotzend angetroffen werden.

wohlentwickelte Flügel aufweisen und andere (wie Flöhe und Läuse) sogar der Flugwerkzeuge gänzlich entbehren. Größere Plastizität tritt uns bei den Mundwerkzeugen entgegen, die den verschiedenen Ernährungsverhältnissen angepaßt sind.

Die Gruppe der Insekten ist außerordentlich artenreich, weist überhaupt den größten Artenreichtum aller mehrzelligen Tiergruppen auf. Es macht den Eindruck, als ob jede kleine Möglichkeit von einer besonderen Insektenart ausgenutzt wird; sind die biologischen Bedingungen für das Dasein einer Art überhaupt gegeben, so ist die Art auch da. Diese ungeheure Anpassungsfähigkeit der Gruppe bewirkt, daß die Insekten einen bedeutenden Anteil der hygienisch und parasitologisch wichtigen Tierkategorien stellen, und daß sie auch drogengewerblich eine gewisse Rolle spielen. Vom menschlichen Standpunkt aus betrachtet finden wir unter ihnen eine bunte Mischung schädlicher und nützlicher Tiere. Das Studium der Insekten und ihrer biologischen Verhältnisse bildet einen ganzen Zweig der Zoologie, die Entomologie. Die zahlreichen, oft bis zur Verwechslung ähnlichen Angehörigen dieser Gruppe können die verschiedenartigste Lebensweise zeigen. Deswegen werden auch die Bekämpfungsmittel und -methoden den schädlichen Arten gegenüber sehr verschieden ausfallen müssen. Wiederholt sind Mißgriffe aus Artverwechslungen heraus gemacht worden.

Die hervorragende Rolle der Insekten in der hygienischen Zoologie wurde erst nach der letzten Jahrhundertwende ins richtige Licht gestellt; ohne Übertreibung können wir sagen, daß fast jedes Jahr in dieser Richtung neue und wichtige Tatsachen zutage fördert, und wir haben allen Grund zu der Vermutung, daß dies noch lange der Fall sein wird.

Ihre große Bedeutung für die Übertragung von Krankheiten und besonders krankheitserregenden Protozoen wurde zuerst in den Tropen aufgedeckt; nach und nach hat man aber erkannt, daß sie auch in unseren Breitengraden eine große Rolle spielen. Alle Wahrscheinlichkeit spricht dafür, daß wir hier vom Abschluß noch weit entfernt sind. Eben aus diesem Grunde wird die nachfolgende Besprechung einiger wichtigerer Arten auch dann noch fragmentarisch ausfallen, wenn sie sich darauf beschränkt, wenigstens einen Einblick in die gewaltige Bedeutung der Insekten für unser Wohlbefinden zu geben.

Die meisten Insekten machen während ihrer Entwicklung eine
Verwandlung (Metamorphose) durch. Wo der Unterschied
zwischen der Larve und der entwickelten Form, der Imago, gering-
fügig ist, geschieht die Verwandlung sichtbar stufenweise, mit
jeder Häutung der Larve (Nymphe) einen Schritt näher heran
an die Imago. In diesem Falle spricht man von einer „unvoll-
ständigen Verwandlung". Bei solchen Larven aber, die von der
Imago erheblich abweichen (z. B. Schmetterlingsraupen, Fliegenmaden u. dgl.), ist die Hauptumwandlung gewöhnlich bis zur
letzten Häutung aufgeschoben, und hier tritt dann eine scheinbare
Ruhepause, das „Puppenstadium", ein, während deren die Um-
wandlung eine so durchgreifende und zeitlich zusammengedrängte
ist, daß die sonstigen (äußeren) Lebensfunktionen sozusagen auf-
gehoben werden müssen. In diesem Falle wird von einer „vollständigen Verwandlung" gesprochen. — Diese Verhältnisse haben
in parasitologischer Hinsicht Bedeutung. Stationäre binnenschmarotzende Insekten sind kaum bekannt. Beim Menschen sind
binnenschmarotzende Insekten überhaupt selten und mehr zufällig hierher geratend; teils handelt es sich um fakultative Parasiten (z. B. gewisse Fliegenmaden im Darmkanal, in Geschwüren
usw.), teils um „verirrte" Formen, die normal bei anderen
Warmblütern auftreten (wie die Rinderhautbremsen). Stationäre
Außenschmarotzer müssen sich in allen Stadien am Wirte fest-
klammern können; damit hängt ihre unvollständige Verwandlung
zusammen (Läuse). Die meisten schmarotzenden Insekten gehören
zu den temporären gelegentlichen Parasiten und schmarotzen beim
Menschen weniger als Larven als als völlig entwickelte Imagines.
Unter den letzteren finden wir alle Übergänge vertreten von
Arten, die (wie die Flöhe) als Imagines fast stationäre Schmarotzer
sind, bis zu solchen, die sich darauf beschränken, ein geeignetes
Opfer aufzusuchen, um auf ihm ihren Darm mit Blut zu füllen
und dann den „Wirt" sofort wieder zu verlassen (Bettwanzen,
Mücken, Stechfliegen usw.).

Viele dieser gelegentlichen Blutsauger haben außerordentlich
große hygienische Bedeutung, da sie parasitische Protozoen und
Würmer von Mensch zu Mensch übertragen. Man hat besonders
in den Tropen alles zum Kampf gegen sie aufbieten müssen, da
sich durch ihre Vermittlung so gefährliche Seuchen wie Malaria,
Gelbfieber, afrikanische Schlafkrankheit und Filariose verbreiten.

Wir werden späterhin der Beziehung zwischen Malaria und Moskitos als einem besonders gut bekannten und bezeichnenden Beispiel eine nähere Erörterung widmen.

Ohne Rücksicht auf strittige Punkte der Insektensystematik werden wir hier die für uns wichtigsten Insekten kurz erwähnen.

Die *Käfer* (*Coleoptera*) bieten Interesse in drogengewerblicher Beziehung. Die Pflasterkäfer (Vesicantia) entwickeln in ihrem Organismus den sehr giftigen Stoff Cantharidin[1]), der, auf die Haut des Menschen gebracht, lebhafte Pustelbildung bewirkt. Eine diesen Käfern gemeinsame biologische Eigentümlichkeit besteht darin, daß sie sich bei Berührung tot stellen und aus allen Gelenken ein ätzendes, cantharidinhaltiges Sekret als „passives Verteidigungsmittel" austreten lassen. Ein bezeichnender Zug des Baues der cantharidinhaltigen Käfer liegt darin, daß ihr Chitinpanzer (auch der der Deckflügel) merkwürdig weich und biegsam ist. Verschiedene, in Massen auftretende Vesicantien, besonders solche wärmerer Länder, werden gehaßt und gefürchtet, als Erreger förmlicher „Ekzemepidemien". Eine ganze Reihe von Pflasterkäfern werden in den verschiedenen Ländern als Arzneimittel herangezogen. Bei uns spielt in den Apotheken die Hauptrolle die spanische Fliege (*Lytta vesicatoria* L., Abb. 22, *a*) („Cantharides"), von der man den zerriebenen Körper zur Zubereitung blasenziehender Pflaster hauptsächlich für die Tierheilkunde benutzt; in der Volksmedizin werden nicht selten auch Pflasterkäfer, „Maiwürmer" oder Ölkäfer (der Gattung *Meloë*, Abb. 22, *b*) verwandt.

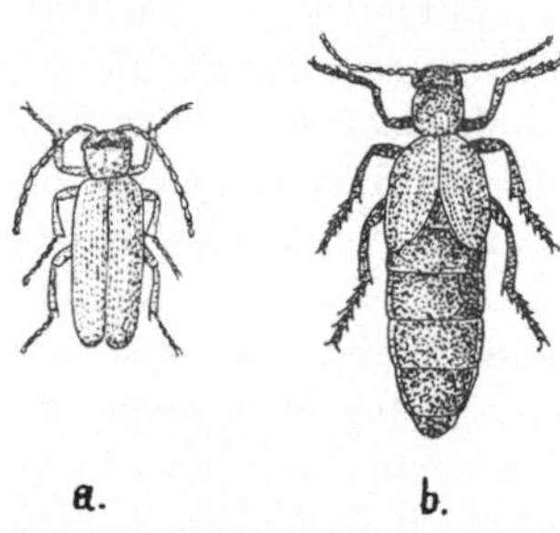

Abb. 22. Cantharidinhaltige Pflasterkäfer. *a* die grünspangrüne spanische Fliege (*Lytta vesicatoria* L.), die bei der Herstellung blasenziehender Pflaster benutzt wird. *b* eine der blauschwarzen Ölkäfer (Maiwurm, *Meloë*), der in der Volksmedizin hier und da Verwendung findet. Nach BEAUREGARD, verändert.

---

[1]) Chemisch betrachtet ist Cantharidin

$$C_{10}H_{12}O_4 = \begin{array}{c} CH \\ CH_2 \quad C \quad CH_2{-}COOH \\ CH_2 \quad O \\ CH_2 \quad C \\ CH_2 \quad CO \end{array}$$

Noch wertvollere Beiträge liefern die *Hautflügler* (*Hymenoptera*)
den Vorratskammern der Apotheken. Die Weibchen der primi-
tiven Hautflügler haben Legestachel (Holzwespen, Schlupfwespen)
bei den höher organisierten Formen aber (Hummeln, Wespen,
Bienen) hat sich der Legestachel von seiner ursprünglichen Funktion emanzipiert und sich in eine Verteidigungs- und Angriffswaffe
umgebildet, die obendrein mit Giftdrüsen ausgestattet worden ist.
Schließlich finden wir einige Hautflügler, die den Stachel abgelegt,
jedoch die Giftdrüsen beibehalten haben (Ameisen). Es ist bekannt
genug, daß man mit den Stichen der Wespen und Bienen nicht
leichtfertig umgehen darf; sie können unter Umständen unangenehm werden. Leider ist die chemische Zusammensetzung des
Hymenopteren- ja selbst des Bienengiftes noch nicht geklärt;
vieles spricht aber dafür, daß der wirksame Bestandteil auch hier
eine stickstofffreie Verbindung darstellt.

Von großer pharmazeutischer Bedeutung ist die Biene (*Apis
mellifica* L.) als Erzeugerin von Wachs (Cera) und Honig
(Mel). Die Bienen sind bekanntlich staatenbildende Insekten
und gehören zu den äußerst wenigen Kerbtieren, die dem
Menschen als Haustiere dienen. Das „Volk“ eines Bienenkorbs
besteht normalerweise aus einer Königin (Weisel), 2—300 Drohnen
(Männchen) und etwa 30 000 Arbeitern (Weibchen, die in ihrer
Entwicklung gehemmt sind); zur Schwärmzeit können die Zahlen
verdoppelt werden, bis der „Schwarm“ unter Leitung des alten
Weisels den Bienenkorb verläßt, um ein neues Haus aufzusuchen.
Die Arbeiterinnen der Bienen sammeln Nahrung teils für sich
selbst, vor allem aber für das zukünftige Geschlecht, das vom
Weisel gezeugt wird. Nahrung liefert hauptsächlich der „Nektar“
der Blumen, der durch einen Einengungs- und Zuckerinvertierungs-
prozeß im Kropf der Biene (einer Erweiterung des Vorderdarms,
dem „Vormagen“) in Honig umgewandelt wird. Als ein Abschei-
dungsprodukt ergibt sich das Wachs, das an der Unterseite des
Hinterkörpers zwischen den Schienen des Panzers ausgeschieden
wird; die Tiere benutzen das Wachs zum Aufbau der großen
„Waben“ ihrer Behausung, senkrecht aufgehängten Wachskuchen,
die aus zwei Schichten sechseckiger Kammern (Zellen) bestehen.
In einem großen Teil dieser Kammern (den Vorratskammern) wird
Honig gespeichert, in anderen (den Brutkammern) vollzieht sich
die Entwicklung der jungen Generation vom Ei bis zur Imago. —

Der Imker entnimmt den Waben ihren Honig mittels eines besonderen Verfahrens („Schleudern“). Das Wachs wird geschmolzen und kommt gewöhnlich in Form gelber Platten (Cera flava) auf den Markt, oder diese werden erst an der Sonne gebleicht und dann als „Weißes Wachs“ (Cera alba) verhandelt.

In den Tropen nutzt man auch andere Bienenarten als die unsrige bezüglich ihrer Honig- und Wachserzeugung aus. Der tropische Honig soll noch aromatischer als der unsrige sein, bewirkt aber gelegentlich Vergiftungen als Folge des Besuches von Blüten mit giftigem Nektar.

Den Schlupfwespen und Gallwespen fehlen die Giftdrüsen; der Stachel wird von ihnen als Legestachel benutzt. Mehrere von den Schlupfwespen sind uns wichtige Helfer im Kampf gegen schädliche Insekten (z. B. Kiefernspinner und Nonne), insofern sie ihre Eier auf oder in die Larven dieser Insekten ablegen, die dann der Brut als Nahrung dienen. Einige Gallwespen spielen drogentechnisch eine gewisse Rolle; sie legen ihre Eier in Stauden und an Sträuchern und Bäumen ab, an welchen ihre Larven ausschlüpfen und dann die Bildung von „Gallen“ hervorrufen. Diese Gallen sind vielfach sehr reich an Tannin und spielen z. T. eine Rolle bei der Herstellung von Gerbsäure und damit von einigen Farben und Tinten, auch für die Gerbindustrie selbst.

Die *Schmetterlinge* (*Lepidoptera*) sind weder als Raupen noch als erwachsene Tiere Schmarotzer; wir finden aber unter ihnen sowohl schädliche wie auch als Rohstofflieferanten wertvolle Arten. Medizinisch mitunter von Belang werden die Brennhaare der Raupen gewisser Spinnerarten, z. B. des Prozessionsspinners (*Cnethocampa processionea* L.), des Goldafters (*Portesia chrysorrhoea* L.), aber auch anderer Schmetterlinge: Abgefallen und durch den Wind auf die menschliche Bindehaut getragen erzeugen sie sehr unangenehme Conjunctivitiden, bei empfindlichen Menschen auch Nesselsucht und andere Erkrankungen der Körperhaut und der Schleimhäute der Atmungswege.

Weil gelegentlich zur Inanspruchnahme der Drogerien führend, sei hier ganz kurz einiger besonders gefürchteter waldverwüstender Schmetterlinge gedacht, Vertreter der Spinner (z. B. der Kiefernspinner), Eulen (z. B. die Nonne) und Spanner (besonders der Frostspanner). Die Raupen des Kiefernspinners überwintern in der Erde und kriechen im Frühling an den Baumstämmen herauf, um die Nadeln zu fressen. Bei den Frostspannern sind es dagegen die Weibchen, die im Spätherbst von der Erde an den Bäumen emporwandern, um ihre Eier in den Blattknospen abzulegen. Die Bäume werden deswegen in Schwärmjahren (d. h. Jahren, in denen die Arten massenhaft auftreten) durch Leimringe um den Stamm herum geschützt, durch die die Raupen resp. Weibchen festgeklebt werden. Der Leim muß selbstverständlich eine solche Beschaffenheit haben, daß er längere Zeit hindurch nicht erstarrt. Die Raupen der Nonnen überwintern in den Bäumen, und eben hier fehlt es uns bis jetzt an wirksamen Bekämpfungsmitteln.

Im Hause sind die Schadwirkungen der „Motten" Wolle und Seiden gegenüber nur allzu bekannt; die eigentlichen Schädiger sind die kleinen Raupen der Kleidermotte (*Tinea pellionella* L.), die alles, was sie von diesen Stoffen bewältigen können, zernagen und als Nahrung benutzen. Zu ihrer Bekämpfung geben Pfeffer, Campher, Naphthalin u. dgl. leidlich wirksame Mittel ab; doch bleibt das beste Mittel gründliche Auslüftung an der Sonne mit folgender guter und dichter Verpackung. Hierzu kommt neuerdings die Tränkung der Stoffe vor ihrer Verarbeitung mit Eulan.

Zu den Spinnern gehören einige der allernützlichsten Insektenarten. Die ganze Gruppe hat ihren Namen daher, daß sich ihre Raupen in eine Fadenhülle (Kokon) einspinnen, wenn sie sich verpuppen wollen. Das Material des Fadens wird von einem Paar Spinndrüsen (den „Sericterien") geliefert, die am Unterkiefer ausmünden. Das Sekret dieser Spinndrüsen erhärtet, wenn es an die Luft kommt, zu einem Faden. Die Kokonfäden mehrerer Spinner zeigen nun großen Glanz und Stärke und werden in Technik und Industrie als Seide verwendet. Die indischen Tussah-, Eri- und Mugaseiden stammen von „wildlebenden" Spinnern her, deren Kokons in den Wäldern gesammelt werden. In Amerika (Kalifornien) bildet ein bodenständiger Seidenspinner die Grundlage der Seidenindustrie; die meiste Seide erhalten wir aber vom domestizierten Seidenspinner (Seidenwurm, *Bombyx mori* L.), der Jahrtausende hindurch die Grundlage der Seidenindustrie im fernen Osten (China, Japan) gebildet hat, und der seit den Tagen des Kaisers Justinian auch der europäische Seidenlieferant ist. Dieser Schmetterling ist bereits derart zum Haustier geworden, daß er „freilebend" nicht mehr gedeihen kann. Die Raupe, der Seidenwurm, spinnt ihre Hülle aus einem einzigen Faden, der über 1000 m lang sein kann und eine normale Bruchfestigkeit von 7,5 g haben soll; er ist hellgelblich gefärbt. Es werden die Fäden mehrerer Hüllen gleichzeitig abgehaspelt und in einen Gesamtfaden zusammengedreht. Wenn die Raupe spinnt, bildet sie einen Doppelfaden von „Fibroin“ in einer Hülle von „Sericein“ (Seidenleim) eingeschlossen; das Abhaspeln des Fibroins oder der Seide kann erst vorgenommen werden, nachdem der Seidenleim in warmem Wasser aufgelöst ist. — Der Seidenwurm liefert uns noch ein anderes Produkt, nämlich „Catgut“, das vielbenutzte chirurgische Nähmaterial, welches übrigens auch von den Sportsfischern als wenig sichtbarer Vorzaum verwendet wird. Zur Herstellung des Catguts benutzt man das Sekret der Spinndrüsen, kurz bevor der Seidenwurm seine Spinnarbeit anfängt; die zähflüssige Sekretmasse wird in Fäden ausgezogen, die naß eine ungeheure Bruchfestigkeit besitzen, trocken aber sehr brüchig sind.

Die *Zweiflügler* (*Diptera*) lassen sich vom menschlichen Standpunkt kaum als irgendwie nützliche Tiere bezeichnen. Dagegen spielen sie eine ungeheure, verhängnisvolle Rolle in hygienischer Beziehung, hauptsächlich als Ansteckung übertragende Formen verschiedener Richtung; einige von ihnen werden auch als Parasiten zu wahren Plagen. Unter diesen Umständen ist die Kenntnis dieser Insektengruppe von großer Bedeutung. Beginnen wir mit den Mücken, so wird es zweckmäßig sein, als Einleitung ihre Entwicklungsgeschichte und mit dieser ihre Beziehungen zu einem der parasitischen Protozoen, z. B. den Malariaparasiten zu betrachten, um einen Einblick in die Grundlage für Bekämpfungsmittel und Kampfmethoden gegen solche Seuchen überhaupt zu erhalten. Wenn wir hier auch hauptsächlich Krankheiten wärmerer Gegenden gegenüberstehen, so dürfen wir nicht vergessen, daß die Malaria auch in Mitteleuropa keine Seltenheit ist und selbst in Finnland und dem südlichen Skandinavien Herdstätten hat, wo sie in heißen Sommern epidemisch auftreten kann. Es ist auch nicht ausgeschlossen, daß noch andere der bei uns heimischen — Menschen oder Haustiere befallenden — Krankheiten zu unseren Mücken und Kriebelmücken Beziehungen haben, was dann ganz entsprechende Bekämpfungsmaßnahmen bedingen würde.

Abb. 23 zeigt die Entwicklung des *Anopheles*-Moskitos oder der *Anopheles*-Mücke (*Anopheles sp.*, *I—IV*, schwarz gehalten) und den Kreislauf des Malariaerregers (*Plasmodium sp.*, *1—16*, rot gezeichnet), wie sie ineinander übergreifen. Der *Anopheles*-Moskito läßt sich von der gewöhnlichen Mücke (*Culex*) leicht dadurch unterscheiden, daß er den Hinterkörper schräg nach oben

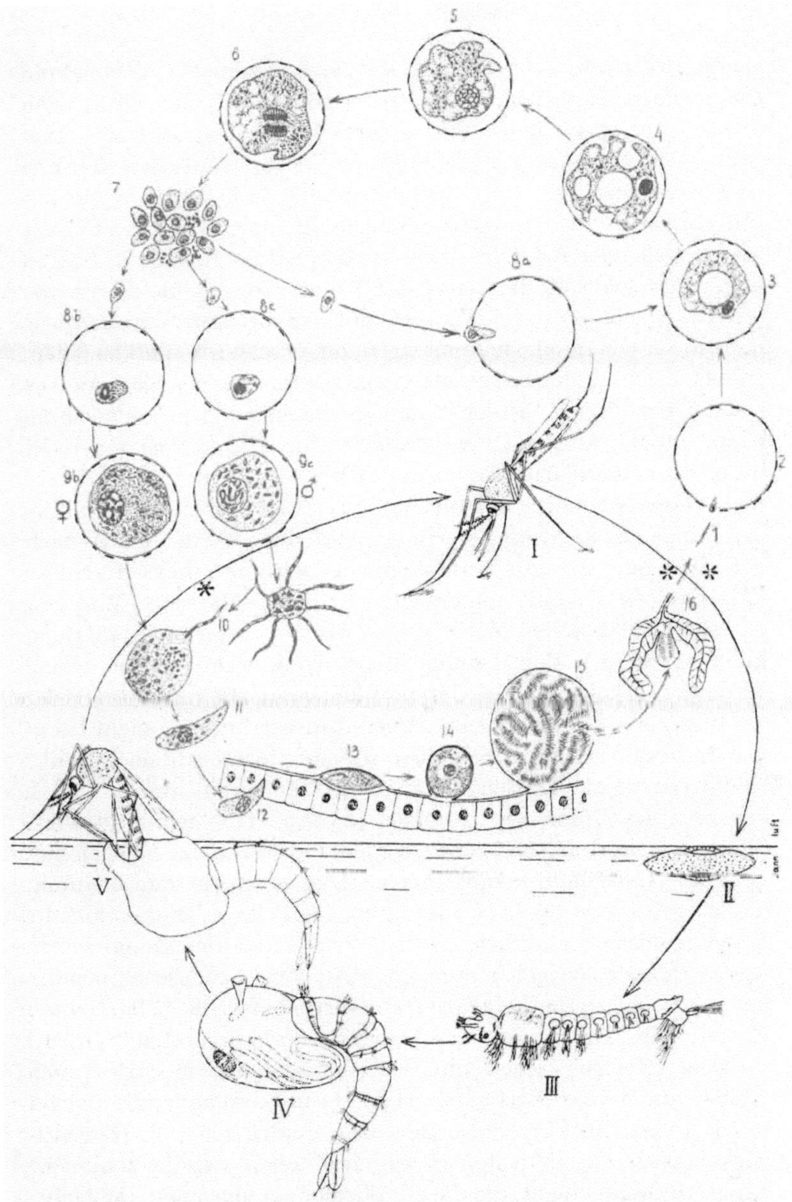

Abb. 23. Der Lebenskreislauf des *Anopheles*-Moskito und des Malariaplasmodiums (Erklärung S. 50). Kombiniert nach Schaudinn, Hartmann und Schilling u. a.

4*

gerichtet hält, wenn er auf flacher Unterlage sitzt (*I*), während ein *Culex* seinen Hinterkörper der Unterlage parallel oder schräg nach dieser zu gerichtet hält. Wie andere Mücken legt auch der *Anopheles*-Moskito seine Eier (*II*) in Wasser ab; er wählt dazu stehende Gewässer, Sumpfpfützen, offene Brunnen, brachliegende Strandpfützen, selbst Wasseransammlungen kleinster oder doch ganz vorübergehender Art, wie solche in alten Sardinenbüchsen, Booten usw.; hier schlüpft die Larve (*III*) aus. Sowohl die Larve wie die bewegliche Puppe (*IV*) sind mit Atemröhren versehen; sie müssen zur Oberfläche heraufsteigen, um frische Atemluft zu holen. Die Atemröhren der Larve sitzen am Hinterende des Körpers. Die *Culex*-Larve „hängt" an der Wasseroberfläche mit dem Kopfe schräg nach unten, während die *Anopheles*-Moskito-Larve wagerecht unter dem Oberflächenhäutchen des Wassers liegt. — Eier, Larve und Puppe sind also Wasserbewohner. Die letzte Verwandlung der Puppe geschieht an der Wasseroberfläche, wo der Imago nach der Sprengung der Puppenhülle als der verhaßte und gefürchtete „Moskito" in die Luft emporsteigt (*V*). Saugt dieser (*) Blut von einem malariakranken Menschen, so wird er ansteckungsfähig und kann später die Malariakeime übertragen, wenn er von einem Menschen gelegentlich wiederum Blut saugt (**).

Wenn eine Mücke „sticht", besteht dieser Vorgang nicht lediglich darin, daß sie ihren „Schnabel" in das Opfer steckt; sie „spuckt" in die Wunde ein Drüsensekret (ein Antikoagulin) hinein, so daß das Blut des Opfers am Gerinnen (Koagulieren) gehindert wird. Sie muß weiterhin auch dafür sorgen, daß reichliche Mengen von Blut an die Wunde heranströmen. Dies geschieht nun dadurch, daß sie mit ihrem Speichel zusammen auch einige hefepilzähnliche Kleinorganismen einführt, die in ihrem Verdauungskanal leben. (Diese Pilzarten zeigen eine ungeheure Vermehrungsgeschwindigkeit und sind wesentlich mitverantwortlich für die hellgefärbten Pusteln, die durch viele Insektenstiche hervorgerufen werden.)

Dem Speichel folgen nun bei ansteckenden Moskitos auch Keime von Malariaplasmodien (*1*) in die Wunde, die alsbald in die roten Blutkörper des Menschen eindringen (*2*). Hier entwickeln sich die Parasiten (*3—6*) und teilen sich in zahlreiche Tochterindividuen auf, die die Blutkörper sprengen (*7*). Die Mehrzahl der Tochterindividuen dringt in neue Blutkörper ein (*8 a*), um denselben Entwicklungsgang (*3—7*) durchzumachen, und zwar in immer gleichen, für jede Parasitenform bestimmten Zeiträumen. Der Patient bekommt dementsprechend „Zweitagefieber“, „Dreitagefieber“ usw. Einige der Individuen aber (*8 b, 8 c*) machen eine andere Entwicklung durch; sie bilden Mutterzellen weiblicher (*9 b*) oder männlicher Individuen (*9 c*). Für ihre weitere „normale“ Entwicklung ist es nun Bedingung, daß sie in einen *Anopheles*-Moskito hineinkommen. Falls das geschieht (*), wird der Blutkörper von den Verdauungsflüssigkeiten des Moskitos aufgelöst, die Parasiten werden frei und entwickeln sich zu weiblichen Großindividuen und männlichen Kleinindividuen (*10*). Ein männliches Individuum verschmilzt mit einem weiblichen und bildet eine Zygote, die, Halbmondform annehmend (*11*), zwischen den Darmzellen des Moskitos (*12*) bis zur Außenseite der Darmwand vordringt und hier eine Cyste bildet. Der Parasit teilt sich nun in eine Unzahl winziger „Sporozoiten“ auf (*13—15*); diese sprengen die Cystenwand (*15*) und wandern in die Speicheldrüsen des Moskitos ein (*16*). Der Moskito ist damit ansteckend geworden. Sticht er einen weiteren Menschen (**), so beginnt der Kreislauf des Malariaplasmodiums von neuem.

Die Malaria war der Fluch der Tropenländer, bis man auf das spezifische Gegenmittel gegen ihren Erreger im menschlichen Blut, das Chinin, aufmerksam wurde. Als man dann um die Jahrhundertwende Schritt für Schritt den Zusammenhang zwischen dem *Anopheles*-Moskito und dem Kreislauf der Malariaplasmodien mühselig aufgeklärt hatte, gewann man für die Bekämpfung der Seuche eine feste Grundlage. Der Kampf muß gegen die *Anopheles*-Moskitos geführt werden, deren Lebenslauf und Biologie schon damals verhältnismäßig wohlbekannt war. Wie man sieht, ist der Schmarotzer gänzlich an die Imago gebunden. Diese zu bekämpfen, ermöglicht jedoch nur die Vertilgung von Larven und Puppen — Mückenschleier und Moskitonetze bleiben mangelhaft —, und diese läßt sich auf zwei Wegen erreichen: Man kann die Mückenbrutstätten dadurch vernichten, daß man sie trockenlegt, die Brunnen überdeckt, dafür sorgt, daß man nicht selbst Brutstätten durch weggeworfene Konservenbüchsen u. dgl. schafft. Man kann andererseits Larven und Puppen dadurch töten, daß man Petroleum oder Saprol auf das Wasser gießt, so daß die Atmung der Tiere unterbunden wird (man kann schließlich auch das Wasser mittels roher Carbolsäure vergiften). Auch tut man gut, die natürlichen Feinde der Mückenlarven (Kleinfische u. dgl.) zu schützen. In dieser Weise hat man in den Mittelmeerländern und in Panama Unglaubliches erreicht; in letzterem Gebiet verhinderten Malaria und Gelbfieber (das auch an kleine Tropenmücken gebunden ist) lange Zeit den Bau des Panamakanals.

Unsere übrigen blutsaugenden Mücken und Kriebelmücken sind, soweit wir bis heute wissen, für den Menschen kaum gefährlich. Es ist aber nicht unwahrscheinlich, daß sie gewisse Haustierkrankheiten übertragen, die wir bis jetzt erst recht ungenau kennen. Wir müssen sie jedenfalls zu den Plagegeistern von Mensch und Vieh zählen, die in einigen Gebieten dem Weidebetrieb der Landbebauung ernste Hindernisse in den Weg stellen. Mancherorts wird man daher erwägen müssen, ob hier nicht ein systematischer Kampf gegen die Mücken bzw. Kriebelmücken am Platze ist.

Ein in hygienischer Beziehung außerordentlich wichtiger Abschnitt wird von unseren Hausfliegen bedingt (Abb. 24). Die meisten Menschen kennen wohl unsere gewöhnliche Stubenfliege (*Musca domestica* L., Abb. 24, *a, d*), die kleine Stubenfliege (*Fannia canicularis* L., Abb. 24, *b, e*) und die blaue Fleischfliege (*Calliphora vomitoria* L.), Tiere, die mehr als die meisten übrigen Fliegen epidemiologisches Interesse darbieten, während sie als Schmarotzer (in zoologischer Bedeutung) eine untergeordnete Rolle spielen. Die beiden Stubenfliegen legen ihre Eier vorzugsweise in flüssigem Kot ab, die Fleischfliege dagegen in Eßwaren und Kadavern. Dann und wann belegt die letztere und gewisse andere Arten auch offene Wunden oder Nase und Mund schlafender Leute (mit Vorliebe völlig betrunkener Personen) mit ihren Eiern und kann dann unangenehme Fälle von „Myiasis" verursachen, Krankheitszustände, die glücklicherweise gewöhnlich nicht tödlich sind. Ab und zu hört man Leute in Naivität berichten, daß die „Stubenfliege, besonders im Herbst, stechen kann"; das beruht auf einer Verwechslung mit der kleinen Stechfliege (*Stomoxys calcitrans* Geoffr., Abb. 24, *c*). Der Unterschied im Aussehen ist in der Tat nicht besonders auffällig; es ist die Stechfliege ein wenig kürzer und breiter. Sie ist eine gefährliche, echte blutsaugende Schmarotzerin, die sich in wärmeren Ländern nachweislich als Überträgerin mehrerer menschlicher Protozoenkrankheiten betätigt und die in unseren Breitengraden möglicherweise zu einer so unheimlichen Krankheit wie der Kinderlähmung (Poliomyelitis) in Beziehung steht. — Abgesehen davon liegt die gesundheitsgefährliche Bedeutung der Fliegen hauptsächlich in der „passiven" Übertragung von Bakterien und Eiern von Parasiten, die teils an ihrer haarreichen Oberfläche haften bleiben, teils sich entsprechend der Ernährungsweise der Fliegen in ihrem Darmkanal ansammeln. Die Fliegen sind keine Kostverächter;

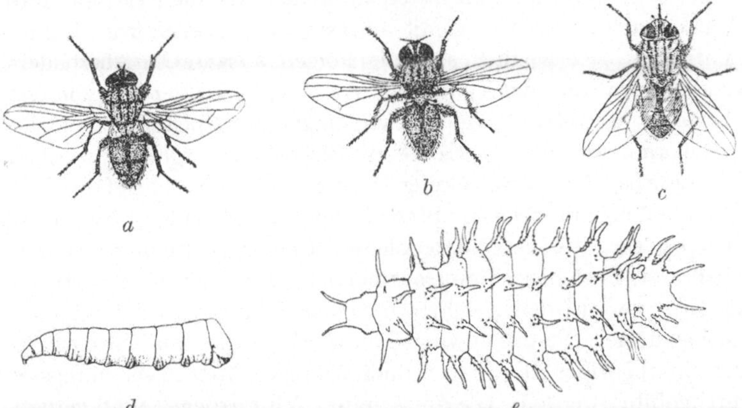

Abb. 24. Hausfliegen. *a* die gewöhnliche Stubenfliege (*Musca domestica* L.) macht über 90% (bis 99%) der Fliegen aus, die in unseren Wohnungen vorkommen. *b* die kleine Stubenfliege (*Fannia canicularis* L.) ist während des Frühlings oft häufiger als die erstgenannte, und besonders die Männchen sind im Hause gewöhnlich, wo sie um die Kronleuchter u. dgl. unter der Zimmerdecke förmlich hüpfen und tanzen. Während des Herbstes kann auch *c* die Stechfliege (*Stomoxys calcitrans* Geoff.) im Hause unangenehm werden; sie ist draußen auf den Weiden derart gemein, daß sie für Vieh und Landleute eine ernstliche Plage darstellt, ganz abgesehen von ihrer Rolle als Überträgerin von Krankheiten. *d* die Made der gewöhnlichen Stubenfliege; sie findet sich vornehmlich in verflüssigtem Kot und Dünger, während die Made der Stechfliege, die ganz ähnlich aussieht, ihre erste Entwicklung mit Vorliebe in altem, feuchtem Heu durchmacht. *e* die Made der kleinen Stubenfliege wächst meist in Äsern und modernden Stoffen auf. Nach HOWARD und HEWITT.

sie fressen alles mögliche, von abgeworfenen, mit Eiern gefüllten Bandwurmproglottiden und anderen aasartigen Leckereien bis zum Auswurf Tuberkulöser, von Zucker und Eßwaren bis zu den am Lutschbeutel des Säuglings haftenden Milch- und Speichelresten. Da sich die Fliegen außerdem an allen Örtlichkeiten bewegen, von den Aborten und Viehställen mit ihren Kothaufen und Müllräumen und Abfallkästen bis zum sauberen Eßzimmer und den Schlafräumen, werden sie allerlei Bakterien, am Körper anhaftend wie im Darm mitgeführt, verschleppen und überall, auch an Speisen und Eßgeräten abstreichen. Die Milch, in die eine Fliege gefallen ist, wimmelt mit Sicherheit von Bakterien. Man hat festgestellt, daß eine einzige gewöhnliche Stubenfliege rund 500 Millionen Bakterien teils im Darmkanal, teils am Körper mit sich umherschleppen kann; an ein Glas Milch, in dem sie 5—30 Minuten umherschwimmt, gibt sie 2000—300 000 davon ab. Überdies haben die Fliegen die Unart, daß sie sich immer überladen. Sie brechen daher in der Regel etwas von ihrem Futter wieder aus, wenn sie sich an einem neuen Ort niederlassen; ihre „Visitenkarten" stellen somit ebensosehr Auswurf wie Exkremente dar — erfreulich sich die Folgen auszumalen, besonders wenn Fliegen während Epidemien, z. B. Typhusepidemien, von den Aborten unmittelbar zu den Zuckergefäßen und Speiseschüsseln der Speisekammern fliegen. Es ist mit Sicherheit festgestellt worden, daß die Fliegen als Ansteckungsverbreiter einer Reihe gefährlicher Krankheiten mitwirken, unter denen wir besonders Typhus, Cholerine, Kinderdiarrhöe, Cholera, Tuberkulose, Milzbrand, Pocken und Aussatz nennen. Daneben transportieren sie Eier verschiedener schmarotzender Würmer, jedenfalls der Springwürmer, Peitschenwürmer und Einsiedlerbandwürmer. — Der Kampf wider die Fliegen muß deswegen überall schonungslos durchgeführt werden. Die umzärtelte „Winterfliege" muß getötet werden; der „Reichtum", den sie bringt, beläuft sich bei gutem Glück auf 5 Billionen neuer Fliegen im Laufe der künftigen Sommerzeit bis zum September, so märchenhaft riesig ist die Vermehrungsgeschwindigkeit der Stubenfliege während der warmen Jahreszeit! Wir müssen uns besonders auch vor Augen halten, daß der ganze ungeheure Bestand an Stubenfliegen von solchen an Zahl geringen „Winterfliegen" in Häusern und Viehställen herstammt. Diese müssen deswegen getötet werden, wo und wann sie überhaupt vorkommen. Der Kampf gegen die erwachsenen Fliegen mittels Fliegengläsern und Fliegenleimstreifen und -tüten ist zwar gewiß nicht ästhetisch, jedoch notwendig, wenn wir uns allerdings auch bewußt sein müssen, daß die Tiere meist schon Gelegenheit gehabt haben, viele ihrer Bakterien auszustreuen, ehe sie an den Richtplatz herangeraten. Der wichtigste Bekämpfungsteil ist eben an ihren Brutstätten durchzuführen. Die Aborte müssen hygienisch eingerichtet sein. Am besten wäre es, überall Wasserklosetts durchzuführen, jedenfalls von den Kotgruben alles Licht auszuschließen, da die Fliegenmaden zu ihrem Gedeihen

Licht brauchen. Daneben müssen sowohl Kotgruben wie Müllkästen desinfiziert werden. Die Müllkästen müssen so klein sein, daß sie genügend oft entleert werden, dazu am besten aus Metall, mit dicht schließendem Deckel. — Die Fliege ist zweifellos eine wichtige Ursache der großen Verbreitung der Tuberkulose, und schon aus diesem Grunde muß man überall dafür sorgen, daß die Kenntnis von ihrer verhängnisvollen Tätigkeit verbreitet und der Kampf gegen sie, das gefährlichste unter allen unseren „Haustieren", überall konsequent durchgeführt wird.

Nahe verwandte Arten von Stechfliegen und die entfernter stehenden Bremsen (Tabaniden) spielen in den Tropen als Überträger verheerender menschlicher Seuchen (z. B. der afrikanischen Schlafkrankheit) und Haustierkrankheiten eine verhängnisvolle Rolle. Die Dasselfliegen (*Oestridae*) stellen eine Plage unserer heimischen Haustiere dar. Die Hautdasselfliegen quälen die Rinder, in deren Unterhaut sich ihre Maden in Beulen entwickeln (die sich oberflächlich als „Dasselbeulen" vorwölben). Sie vermindern den Handelswert der Häute ganz beträchtlich, insofern sie diese durchlöchern, wenn sie ins Freie durchbrechen, um sich zu verpuppen. Die Schafbremse ist vielleicht ein noch schmerzhafterer Plagegeist für ihren Wirt; ihre Maden dringen oft von der Nasenhöhle aus in das Gehirn des Wirtstieres ein, das dann an „falscher Drehkrankheit" eingeht. Auch die Magenbremsen sind unter die schädlichen Schmarotzer einzureihen. — Obgleich nun alle diese Dasselfliegen in ökonomischer Beziehung eine sehr große, uns belastende Rolle spielen, fehlen uns wirksame Mittel zu ihrer Bekämpfung bis jetzt gänzlich.

Als Abschluß des Abschnittes von den Zweiflüglern wollen wir den Flöhen (Abb. 25) einige Worte widmen; sie bilden eine Insektengruppe (*Aphaniptera* oder *Siphonaptera*), die man auch vielfach den Zweiflüglern nebenordnet. Bei den Flöhen schmarotzen die Imagines; sie müssen den gelegentlichen Schmarotzern zugezählt werden, wenngleich sie sich gern verhältnismäßig lange auf dem Wirte aufhalten. Die Flöhe legen ihre Eier in Staub und Schmutz ab, der in Winkeln, in Spalten und Ritzen von Bretterverkleidungen und von Zimmerdielen liegen blieb, in Sägespänen, Matratzen u. dgl., kurzum in die staubigen und mangelhaft gereinigten Winkel unserer Wohnungen; hier entwickeln sich dann die Larven. — Die Zeit, die ein Floh zu seiner Entwicklung braucht,

schwankt zwischen etwa 16 Tagen (in den Tropen) bis zu einem
Monat (bei uns im Sommer), ja 6 Wochen (während des Winters);
die Ablage der Eier geschieht zu allen Jahreszeiten. Es sind nicht
die Menschen allein, die mit Flöhen gesegnet sind, diese gedeihen
auch an Tieren. Oft siedeln Floharten bei Gelegenheit auf andere
als ihre normalen Wirtstiere über. So ist es eine bekannte Tat-
sache, daß man sich Flöhe im Hühnerhaus holen kann; es handelt
sich in diesem Falle um Hühnerflöhe, die dem Menschenfloh ziemlich ähnlich sehen. Auch der Hunde- oder Katzenfloh (*Ctenocephalus canis* Curt., Abb. 25, *b*) tritt mitunter als unangenehmer
"Gast" an Menschen auf. Die Ratten be-
herbergen sogar zwei Floharten; die eine
Art (*Xenopsylla cheopis* Rotsch.) ist glücklicherweise auf die Tropen beschränkt,
während die andere (*Ceratophyllus fasciatus* Bosc., Abb. 25, *c*) auch in unseren Breitengraden gedeiht. Wenn nun die Rattenlager mit Flöhen übervölkert sind, so

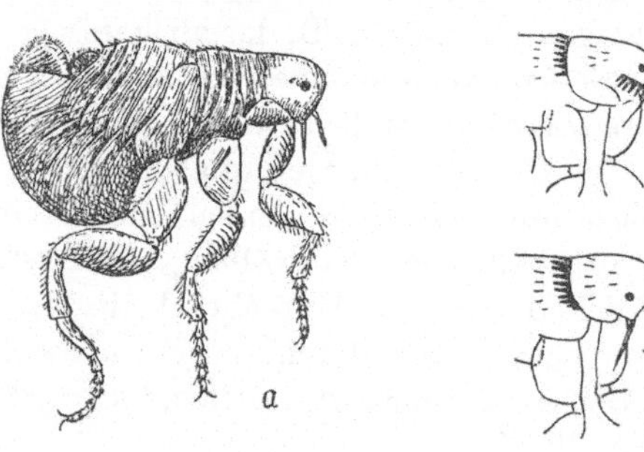

Abb. 25. Flöhe. *a* der gewöhnliche Menschenfloh (*Pulex
irritans* L.) hat keine Stachelkämme, während *b* der Hunde-
oder Katzenfloh (*Ctenocephalus canis* Curt.) Kämme sowohl am Mund wie hinter dem Kopf besitzt; *c* der Ratten-
floh unserer Gegenden (*Ceratophyllus fasciatus* Bosc.) trägt
nur einen Kamm hinter dem Kopf, am Mund dagegen
keinen solchen.

siedelt der Überschuß mit Vorliebe auf den Menschen über; das
geschieht unter anderem, wenn die Ratten einer Gegend durch
Pest (Beulenpest) dezimiert werden, welche Seuche ursprünglich eine Rattenseuche gewesen zu sein scheint. Die Flöhe
saugen mit Vorliebe Blut an den mit Bakterien gefüllten Pest-
beulen und werden dadurch zum mindesten für den nachfolgenden
Monat ansteckungsgefährlich. Sekundär kann auch der Menschenfloh (*Pulex irritans* L., Abb. 25, *a*) die Ansteckung von Mensch
zu Mensch vermitteln. — Noch eine andere Unannehmlichkeit ist
an die Flöhe gebunden. Einer der gewöhnlich vorkommenden
Bandwürmer des Hundes hat sein Finnenstadium im Hundefloh;
man kennt nun mehrere Beispiele des Vorkommens des genannten
Bandwurms bei Kindern. Diese haben also entweder zufällig

Hundeflöhe in sich aufgenommen, oder sie sind von einem Hunde, der eben durch Zerbeißen eines Flohes die Finne freigelegt hatte, an Hände oder Gesicht geleckt worden. Man hat somit, rein hygienisch genommen, alle Ursache, die Flöhe zu bekämpfen und darf sie keineswegs mit einem Scherz abtun, wie man das früher tat. Die Mittel, die in Betracht kommen, sind in erster Reihe Reinlichkeit (zweckmäßig Staubsauger!), sodann Insektenpulver u. dgl.

Die Mundteile der *Schnabelkerfe* (*Rhynchota*) sind in einen geraden, schnabelförmigen Stechrüssel vereinigt. Eine größere Reihe von Rhynchoten stellt Parasiten dar, die teils an Pflanzen, teils an Tieren schmarotzen. Betrachten wir zuerst die Blattläuse, so finden wir in diesen, wie der Name sagt, eine Reihe von Pflanzenschmarotzern. Viele von ihnen machen wie unsere einheimischen Blattlausarten großen Schaden; einige aber haben in positivem Sinne, nämlich drogengewerblich, eine große Bedeutung erlangt, teils durch Stoffe, die sie die Pflanzen zu erzeugen zwingen, teils durch Substanzen, die von ihnen selbst ausgeschieden werden. Besonders sind gewisse Schildläuse in dieser Beziehung zu nennen. Bei dieser Tiergruppe stellen die Männchen kleine, mit glasklaren Flügeln ausgestattete Tierchen vor, während die meist flügellosen Weibchen, flach und schildförmig umgebildet, sich mittels ihrer Mundteile an Pflanzen verankern; sie entwickeln hier ihre Eier und bedecken diese auch noch nach ihrem Tode als eine schützende, trockene Hülle. Mehrere Schildlausarten bilden Farbstoffe in ihrem Körper. In Südeuropa lebt die Kermesschildlaus (*Kermes ilicis* L.), die uns „Kermes tinctorum" die Karmosinbeere liefert; in alten Zeiten wurde ihr roter Farbstoff zum Färben von Kleidern in den Mittelmeerländern ganz allgemein benutzt, heute beschränkt sich seine Verwendung wesentlich auf die den Koranvorschriften treuen Araber. Eine größere Rolle spielt die Cochenillelaus (*Coccus cacti* L., Abb. 26); diese Art lebte ursprünglich an den Opuntien in Mittelamerika und Mexiko; später wurde sie dann nach den Azoreninseln und nach Java übergeführt, wo sie die Grundlage umfangreicher Kultur und namhafter Ausfuhr abgegeben hat. Der Farbstoff ist im Körper der Tiere selbst enthalten,

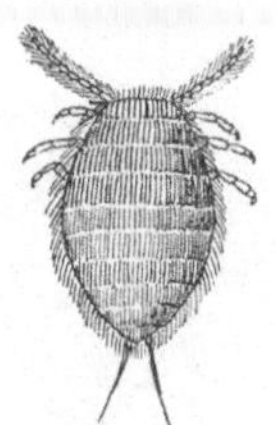

Abb. 26. Das Weibchen der Cochenillelaus (*Coccus cacti* L.); es wird 6—7 mm lang, während das geflügelte Männchen kaum 3 mm lang und ganz schlank ist. Nach BEAUREGARD.

die eingesammelt und getrocknet als Cochenille (Coccionella) verhandelt werden (durch Behandlung mit Kaliumbitar-
trat wird der Farbstoff in Carmin umgewandelt). — Eine
weitere Schildlaus, die Schellacklaus (*Tachardia lacca* Kerr.), die
in Indien lebt, ist Gegenstand menschlicher Nachstellungen, da
sie uns den Schellack liefert; sie nimmt Stoffe gewisser Bäume
auf und wandelt diese in Schellack um. Der Ausfuhrbetrag der
Schellackindustrie Indiens wird auf mindestens 33 Millionen Ru-
pien im Jahre geschätzt. Die Schellackindustrie ist sehr alt; sie
läßt sich durch mehrere Jahrtausende zurückverfolgen. — Auch
chinesisches Wachs ist ein Schildlausprodukt; es rührt von
der Pelaschildlaus (*Ericerus pela* Cher.) her; in diesem Falle ist es
merkwürdigerweise das Männchen, das als Wachserzeuger tätig
ist. Die Pelaschildläuse sind in mehreren chinesischen Provinzen
Gegenstand ausgedehnter Kultur; der Wert der Jahresausbeute
wurde vor 1914 auf etwa 14 Millionen Francs geschätzt. (Japa-
nisches Wachs wird von einer Leuchtzirpe produziert, und zwar
aus Drüsen des Hinterkörpers reichlich ausgeschieden). — Schließlich haben wir noch ein Produkt zu erwähnen, das sich von
der Tätigkeit der Schildläuse herschreibt, nämlich das tierische

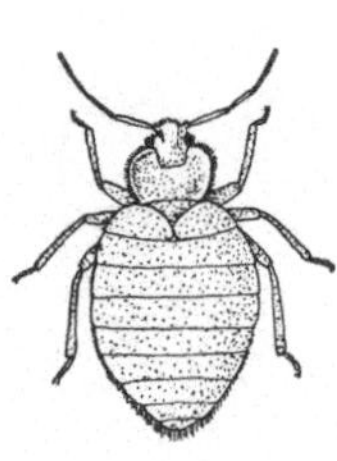

Abb. 27. Die Bett-
wanze (*Cimex lectu-
larius* L.) ist braun
und erreicht eine
Länge von etwa
5 mm. Nach Brit.
Mus. Guide.

Manna[1]). Es sind die „Honigtropfen“, die die
Mannaschildlaus (*Gossyparia mannipara* Kl. u.
Ehrbg.) abgibt, wenn sie an Tamarisken saugt;
diese Tropfen trocknen ein, werden gelegentlich
vom Regen aufgelöst und träufeln dann als
große Tropfen herunter, die gesammelt werden.
(Das australische Manna wird in ähnlicher Weise
von Blattflöhen (Psyllidae, Zirpen) erzeugt.)

Das Plus, das uns diese Schildläuse in ge-
werblicher Beziehung liefern, wird durch die
schädliche Tätigkeit anderer Schnabelkerfe
leider völlig aufgewogen. Die Wanzen (Hemi-
ptera, der letztere Name rührt daher, daß
die vordere Hälfte des vorderen Flügelpaares
hart oder lederartig ist) beherbergen in ihren Reihen eine
flügellose Art, die unter dem Namen der Bettwanze (*Cimex
lectularius* L., Abb. 27) allgemein bekannt und gehaßt ist. Sie
durchläuft, wie man sagt, eine „direkte“ Entwicklung, d. h. aus

---

[1]) Das Manna der Pharmakopöe ist ein Pflanzenpräparat.

dem Ei entschlüpft ein Junges, das dem erwachsenen Tier ziemlich ähnlich ist. Sowohl Junge wie Erwachsene, Männchen wie
Weibchen sind gelegentliche Schmarotzer, die Blut saugen müssen,
um sich zu entwickeln oder ihre Eier abzulegen. Sie sind unglaublich zählebig. Die Entwicklung bis zum erwachsenen Tier wird
unter günstigen Umständen in 6—7 Wochen durchgemacht, kann
sich aber unter ungünstigen Verhältnissen über mehrere Monate
ausdehnen. Die Tiere nähren sich lediglich von Blut; sie können
unglaublich lange hungern, man behauptet mehr als ein Jahr.
Von Gestalt sind sie dann aber auch blattartig dünn. Man findet
sie häufig an Stellen, von denen man glauben müßte, daß sie hier
verhungerten, z. B. in alten, längst verlassenen Hütten und an
ähnlichen Örtlichkeiten. Heute wird die Bettwanze in menschlichen Wohnungen aller Länder angetroffen. Man kennt bis jetzt
noch kein wirklich gutes oder zuverlässiges Mittel gegen diese
zählebigen Schmarotzer. Ähnlich anderen Wanzen besitzt *Cimex
lectularius* im Hinterleib Stinkdrüsen, die ein giftiges und stin-
kendes Sekret absondern, dessen Geruch ihre Anwesenheit empfindlichen Nasen sofort verrät, wenn das Tier tagsüber in den Spalten
der Wände oder hinter den Tapeten versteckt sitzt. Nachts
kriechen die Wanzen dann heraus, um ihre Opfer heimzusuchen
und ihnen Stiche beizubringen, die stärker als Flohstiche reizen.
In südlicheren Ländern sind sie Überträger gefährlicher Krankheiten, deren Erreger Protozoen sind (in den Mittelmeerländern
unter anderem „Kala-Azar", die „schwarze Seuche", bei der die
Sterblichkeit bis 96% betragen kann). Dann und wann mögen
die Bettwanzen Krankheiten wie Typhus, Aussatz und Milzbrand
übertragen; man muß sie daher überall nach Vermögen bekämpfen,
zumal sie auch bezüglich Übertragung von Tierkrankheiten ver-
dächtig sind.

Die ansteckungsübertragenden Raubwanzen wärmerer Gegenden übergehend, müssen wir wiederum etwas verweilen bei den
Läusen, die gewöhnlich noch zu den Schnabelkerfen gestellt
werden. — Die Entwicklung der Läuse ist eine direkte; im Gegensatz zur Bettwanze müssen aber die Läuse als stationäre Parasiten
bezeichnet werden, da sie während ihres ganzen Lebenskreislaufes an den Wirt gebunden sind und sie diesen somit nicht bloß
gelegentlich befallen. Beim Menschen können wir drei Läusearten
unterscheiden: Kopflaus, Kleiderlaus und Filzlaus. Die Kopf-

laus (*Pediculus capitis* de Geer) hält sich, wie der Name andeutet, im Haarkleid des Kopfes auf. Hier kriechen die Tiere umher oder haken sich fest, saugen Blut aus der Kopfhaut und kleben ihre Eier an die Haare an, wo sie als kleine hellglänzende Pünktchen („Nisse") auffallen. Das Männchen der Kopflaus wird 2,5 mm, das Weibchen 3 mm lang. Die Kleiderlaus (*Pediculus vestimenti* Nitzsch, Abb. 28, *a*) sieht ähnlich aus, ist aber durchgehends größer, das Männchen 3,2 mm, das Weibchen 4,1 mm lang. Sie zieht die haarlosen Körperpartien vor, die durch die Kleidung geschützt werden, und nimmt gern Aufenthalt in den Unterkleidern, wo sie gewöhnlich auch ihre Eier ablegt (am liebsten in Wolle oder lose gewobene „haarreiche" Stoffe). Die Filzlaus (*Phtirius pubis* L., Abb. 28, *b*) ist kleiner, nur wenig mehr als 1 mm lang, dafür breit und abgeplattet; ihr Aufenthaltsort ist das Haarkleid

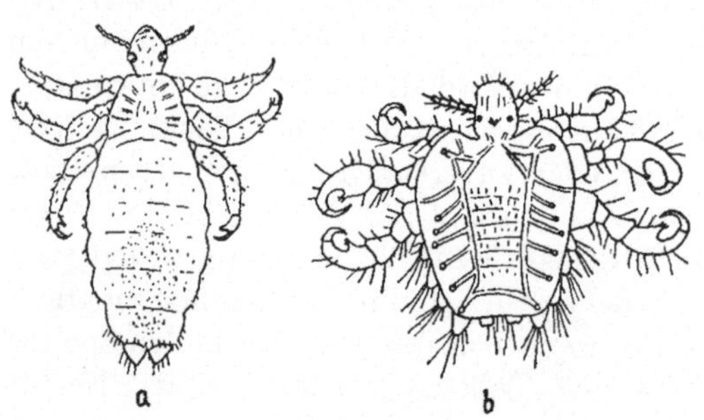

Abb. 28. Läuse. *a* die Kopflaus (*Pediculus capitis* de Geer) und die Kleiderlaus (*Pediculus vestimenti* Nitzsch) sehen ziemlich ähnlich aus, nur daß die letztere etwas größer ist (bis 4,1 mm lang gegen 3 mm bei der Kopflaus); *b* die Filzlaus (*Phtirius pubis* L.) ist viel kleiner, nur etwa 1 mm lang. Nach VON LINDEN und BRAUN, verändert.

der Schamgegend, seltener Bart, Augenbrauen und Haarkleid der Achselhöhlen. Sie ist sehr träge und sitzt gewöhnlich, an ein paar Haare festgeklammert, mit dem Kopfe in einen Haarbalg eingesenkt. — Läuse sind außerordentlich „ansteckend", sowohl direkt durch Übertragung von Mensch zu Mensch, wie indirekt durch Badeanstalten und andere gemeinsame Aufenthaltsorte. Der Stich des einzelnen Tieres ist an und für sich zwar nicht weiter gefährlich; die Läuse zeigen aber eine ungeheuer schnelle Vermehrung (die Entwicklung vom Ei bis zum erwachsenen, geschlechtsreifen Tier dauert nur etwa 12 Tage). Wenn sich nun viele der Tiere an einer Stelle ansammeln, wird der Juckreiz sehr stark, führt zum Kratzen der Wunden und zur Entstehung von Krustenbildungen, die gute Angriffsstellen für Bakterien (besonders für Streptokokken) bieten. Noch schlimmer ist es, daß die Läuse Ansteckungsträger gefährlicher Krankheiten sind, die sie von Mensch zu Mensch übertragen, wie besonders das **Fleck-fieber** und **Rückfallfieber**. Da die Läuseplage obendrein außerordentlich verbreitet ist, muß der Kampf gegen sie mit allem Nachdruck geführt werden. Glücklicherweise stehen uns bei diesem Kampf mehrere erprobte Mittel zur Verfügung. Erwachsene wie junge Läuse werden von Petroleum wie grauer Quecksilber-salbe getötet. Die Eier müssen (in Kleidern) mit Formoldämpfen oder (im Haare) Sabadillessig behandelt werden (der Formoldampf dringt durch die Eihülle und tötet so, der Essig zersprengt die Hülle, so daß der Sabadillstoff die Eier selbst angreifen kann). Das beste und zugleich einfachste Mittel ist jedoch Sauberkeit, Wasser und Seife (am besten Schmierseife), ein Universalmittel, das kaum eindringlich genug empfohlen werden kann.

Wirbeltiere (Vertebrata).

Als Wirbeltiere bezeichnet man alle Tiere, die ein inneres Skelett (Stützorgan), einen organisierten Blutkreislauf mit zentralem, an der Bauchseite gelegenen Pumporgan (dem Herzen), und — direkt oder abgeleitet — vom vorderen Teil des Verdauungskanals gebildete Atmungsorgane besitzen.

Von dem merkwürdigen Lanzettfisch (*Amphioxus*) abgesehen, können wir bei der weiteren Erörterung folgende Gruppierung als Grundlage benutzen:

1. Wechselwarme Wirbeltiere („Kaltblüter"), deren Bluttemperatur in bestimmten Grenzen in Abhängigkeit von der Temperatur des umgebenden Mediums wechselt.

Rundmäuler mit kreisrundem Maul oder einer einen mehr oder weniger ausgesprochenen Längsspalt bildenden Mundöffnung. Das Skelett ist noch sehr unvollständig entwickelt, und paarige Extremitäten fehlen (Schleimaal, Neunaugen). (Die Rundmäuler werden oft in Gegensatz zu allen höheren Wirbeltieren gestellt, welche letzteren dann als „Quermäuler" im weitesten Sinne bezeichnet werden.)

Die **Fische** haben ein wohlentwickeltes knorpeliges oder mit Kalk inkrustiertes Skelett mit ausgesprochener Wirbelbildung; sie besitzen paarige Extremitäten (Brust- und Bauchflossen) und atmen mittels Kiemen.

Die Lurche (Amphibien) besitzen ein hochentwickeltes, doch noch oft teilweise knorpeliges Skelett, paarige Extremitäten (Vorderbeine und Hinterbeine, seltener wiederum schwächer oder stärker rückgebildet); bei den Larven geschieht die Atmung durch Kiemen, bei erwachsenen Amphibien durch Lungen, außerdem auch durch die ganze Haut.

Die Kriechtiere (Reptilien) haben völlig verknöchertes Skelett; die Extremitäten sind paarig (Echsen, Krokodile, Schildkröten) oder sekundär rückgebildet (Schlangen); als Atmungsorgane dienen lediglich Lungen.

2. Warmblütige Wirbeltiere (Warmblüter) mit konstanter, hoher Bluttemperatur.

Die Vögel tragen ein Federkleid und ihre Vorderextremitäten sind zu Flugorganen (Flügeln) umgebildet. Sie sind eierlegend.

Die Säugetiere tragen ein Haarkleid; sie gebären lebendige Junge (von ein paar australischen Ausnahmen abgesehen) und nähren sie mit Milch, die von den Milchdrüsen der Mutter abgesondert wird. —

Die *Fische* (*Pisces*) stellen die erste, uns hier interessierende Wirbeltiergruppe dar. Wie gewöhnlich sehen wir auch hier natürlich von der Rolle ab, die die Gruppe im täglichen Haushalt des Menschen spielt, und beschäftigen uns nur mit ihren medizinischen bzw. drogengewerblichen Seiten. Die Knorpelfische spielen in dieser Hinsicht eine untergeordnete Rolle. Erwähnt sei immerhin die Verwendung der Haifischhaut als Poliermittel. Die Haut der Haifische ist nämlich mit kleinen „Hautzähnchen" bewaffnet, Zähnchen desselben Baues wie die am einfachsten gebauten Zähne der Mundhöhle der Wirbeltiere, auch mit deren Schmelzüberzug versehen; Haifischhaut wird in derselben Weise wie Sandpapier zum Glattschleifen von hölzernen Flächen benutzt. Vergleichend anatomisch werden die Hautzähnchen der Haie als der Ursprung einerseits aller Hautskelettbildungen (besonders der Fischschuppen), andrerseits auch der funktionellen Zähne aller höheren Tiere betrachtet. Die letzteren sind in die Mundhöhle eingerückt und nach und nach durch Funktionswechsel und Differenzierung in Schneidegeräte (bei den Haifischen), Greifgeräte (bei Tieren mit weitstehenden, gleichförmigen Zähnen wie den meisten Knochenfischen, Schlangen usw.) und schließlich in die mannigfachen und zusammengesetzten Gebisse der Säugetiere mit ihren vielseitigen

Wirkungsarten umgewandelt. — Die Haifischleber ist außerordentlich reich an Fettstoffen und wird auch, bei einigen Arten wenigstens, in beschränktem Maße ausgenutzt, besonders wegen ihres Stearingehalts. Zweifellos könnte die Leber der Haifische und der Rochen stärker als bisher zur Ausnutzung herangezogen werden, zum mindesten zur Gewinnung von technisch wertvollen Ölen. — Der Hausenleim (Hausenblase) wird aus der Schwimmblase der Störe gewonnen, besonders vom gewöhnlichen Stör (*Acipenser sturio* L.), vom Donaustör oder Hausen (*Acipenser husio* L.) und vom Sterlett (dem Wolgastör, *Acipenser ruthenus* L.); die Schwimmblase dieser Formen ist besonders reich an leimbildenden Stoffen.

Unter den Knochenfischen (Teleostiern) spielen die Dorschfische zootechnisch eine wichtige Rolle, und unter ihnen steht wiederum der Dorsch (Kabeljau, *Gadus callarius* L.) medizinisch an erster Reihe, dessen Leber den Ausgangspunkt für die Gewinnung des Lebertrans (Oleum jecoris Aselli) abgibt. Dem Lebertran hat sich während der letzten Jahre erhöhtes Interesse zugewandt, da man festgestellt hat, daß er reich an „Vitaminen" ist, besonders an solchen, die gegen die englische Krankheit (Rachitis) wirksam sind. Lebertran wird aus frischen Lebern im Dampfbad bei möglichst gelinder Wärme gewonnen und stellt ein klares, hellgelbes Öl dar. — Der Dorsch gehört den gemäßigten Meeresgebieten an, unternimmt aber auch Wanderungen in kältere Wasserschichten. Laichende Kabeljaus sammeln sich an den Hauptlaichplätzen in den ersten Monaten des Jahres zu Millionen und aber Millionen an; die größten Laichplätze befinden sich an den Neu-Fundland-Bänken, an der Südküste Islands und an der norwegischen Nordmeerküste sowie bei den Lofoten, wo überall deswegen großartige „Winterfischerei" betrieben wird. Während der Frühjahrsmonate wird an weiter nördlich gelegenen Stellen „Sommerfischerei" ausgeübt, die auf Dorschmengen beruht, welche, einem kleinen arktischen Fisch (*Mallotus villosus* L.) nachgehend auf den Küstenbänken erscheinen. Eine derartige Fischerei wird z. B. im Bereich der nördlichsten Küsten Norwegens (bei Finmarken) betrieben. Bei dem großen Dorschfischereibetrieb wird der ganze Fisch ausgenutzt; das Fischfleisch wird gesalzen, als Stockfisch und Klippfisch zubereitet, der Rogen in verschiedener Weise behandelt, gesalzen oder sterili-

siert und luftdicht eingelegt, die Leber zur Darstellung des Leber-
trans benutzt und das übrige meist in Guano verwandelt. —
Auch der Hering (*Clupea harengus* L.) wird in bescheidenem
Umfange herangezogen zur Gewinnung von Heringsölen; diese
Industrie ist aber bisher technisch noch nicht so weit entwickelt
und ihr Erzeugnis auch nicht so wertvoll wie der Dorschlebertran.
— Eine nicht ganz kleine Zahl von Fischen tritt dadurch zur
Medizin in Beziehung, daß diese auch für den Menschen giftige
Eigenschaften besitzen. Das Gift kann im ganzen Körper des
Fisches enthalten sein. Dies gilt z. B. für das durch Kochen zer-
störbare Ichthyotoxin, das das Blut der Aalarten giftig macht.
Oder aber das Gift ist auf einzelne Organe beschränkt. Besonders
häufig ist es der Eierstock, der Rogen, dessen Genuß Schaden
bringt; z. B. zeitweise der unserer Barbe (*Barbus fluviatilis* Ag.).
Alljährlich verursacht in Japan das versehentliche Verzehren von
Rogen dort vorkommender *Tetrodon*-Arten („Igelfische") eine er-
hebliche Anzahl Todesfälle. Einzelne Fischarten besitzen endlich
giftige Abwehrwaffen in Gestalt von Zähnen, die mit Giftdrüsen
in Verbindung stehen (z. B. die im Mittelmeer heimische gemeine
Muräne, *Muraena helena* L.) oder von ähnlich ausgerüsteten
Flossen- oder Kiemendeckelstacheln (besonders wohl ausgebildet
beim Petermännchen, *Trachinus draco* L., der europäischen
Küsten).

In der mittelalterlichen Medizin — wie heute noch in der
Volksmedizin — spielten sowohl die *Amphibien* wie auch die
Reptilien in verschiedener Hinsicht eine bedeutende, wenn auch
kaum segenbringende Rolle; in den europäischen Apotheken der
Jetztzeit finden wir dagegen keine ernst zu nehmenden von diesen
Tiergruppen herstammenden Präparate mehr vor. Wohl aber
spielen die giftigen Schlangen für die Heilkunde, namentlich in
den Tropen, eine wichtige Rolle dank der unheimlichen Wirkungen
des Bisses dieser Tiere. Auch unsere einheimische Kreuzotter
(*Vipera berus* L.) kann in dieser Beziehung heimtückisch genug sein.
Die Schlangengifte — in geringer Konzentration im gesamten
Blut der Schlangen enthalten — werden in Drüsen des Ober-
kiefers, umgewandelten Speicheldrüsen, abgesondert und durch
die gefurchten oder röhrenförmigen Giftzähne des Kiefers in die
Wunde des Opfers geleitet, sobald die Schlange beißt („sticht").
Der chemische Bau der Schlangengifte ist noch keineswegs geklärt.

Man hat die wirksamen Stoffe lange für Toxalbumine gehalten; die neueren Untersuchungen haben aber diese Annahme zum Wanken gebracht und deuten vielmehr darauf hin, daß die wesentlichen Giftstoffe der Schlangen, ähnlich denen der Bienen und anderer giftiger Arthropoden, stickstofffreie Verbindungen sind (also sich eher z. B. dem Cantharidin, einem Hydrobenzolderivat, $C_{10}H_{12}O_4$, vergleichen lassen). In die Frage der Gegengifte gegen die tierischen Gifte hat man noch immer wenig Einsicht und steht ihr infolgedessen in vieler Hinsicht machtlos gegenüber; praktisch nimmt man bei Schlangenbissen in unsern Breiten mit gutem Erfolg seine Zuflucht meist zur Eingabe großer Dosen von Alkohol. Erfreulich weit gekommen ist man in der Serumbehandlung der Schlangenbisse, doch spielt diese bis jetzt fast nur in den Tropen eine Rolle. Eines heimtückischen Zuges der Schlangengifte sei noch gedacht, nämlich daß sie ihre Wirksamkeit in getrocknetem Zustand jahrelang beibehalten, so daß man getrocknete Schlangenköpfe mit entsprechender Vorsicht handhaben soll[1]).

Anhangsweise erwähnt sei die gewerbliche, allerdings nicht medizinisch-drogentechnische Rolle, die die Meeresschildkröte (*Chelone imbricata* L.) spielt, die alleinige Lieferantin des „e c h t e n S c h i l d p a t t s" (des bekannten wertvollen Materials für Haarkämme, Schachteln u. dgl.). Die Schildkröten besitzen einen merkwürdigen Hautpanzer. Ein flaches knöchernes Schild deckt die Unterseite des Tieres, ein schwächer oder stärker gewölbtes Schild die Rückenseite; diese gepanzerten Teile sind nun gewöhnlich von einer äußeren, hornähnlichen Epidermisschicht überzogen. Bei der genannten Schildkrötenart zeigt die äußere Hornschicht insofern eine Besonderheit, als sich Platten hiervon bei etwas höheren Temperaturen zusammenschweißen lassen. Man deckt zu diesem Zweck die dünne Schicht ab, legt sie in siedendes Wasser und preßt unter starkem Druck mehrere solche Schichten aufeinander, so daß man einen Stoff von genügender Dicke erhält, um daraus allerlei Gegenstände herzustellen. Leider scheint die eigentüm-

---

[1]) Zähne, die mit Giftdrüsen in Verbindung stehen, besitzt auch eine Eidechsengattung, die in Mexiko heimische *Heloderma*. — Wirksame Gifte sind endlich in den Hautabsonderungen der Lurche, auch unserer einheimischen Kröten, Frösche, Salamander und Molche enthalten. Dem Menschen schädlich wird das Lurchhautsekret allerdings wohl nur, wenn es zufällig auf die Augenbindehaut gelangt.

liche Schweißbarkeit ausschließlich der Hornschicht dieser einen Schildkrötenart zuzukommen.

Die *Vögel* liefern uns [1]) nur einen einzigen hierher gehörenden, allerdings sehr wichtigen Stoff, das Hühnereiweiß, das den Eiern des Haushuhns entnommen wird.

Eine sehr große Rolle für Medizin und Drogengewerbe spielen dagegen heute wie früher die *Säugetiere* (*Mammalia*), und es unterliegt keinem Zweifel, daß diese ihre Bedeutung noch erheblich gesteigert werden wird in dem Maße, wie sich unsere Kenntnisse von den geschlossenen (endokrinen) Drüsen und ihren Funktionen vertiefen. Wir werden in einem späteren Abschnitt auf diese Seite ein wenig näher eingehen.

Die Säugetiere werden in eine Reihe von Ordnungen eingeteilt, von denen uns die folgenden, unsere einheimische Säugerwelt zusammensetzenden interessieren: Insektenfresser; Fledermäuse; Raubtiere (einschließlich der Seehunde); Wale; Nager; Huftiere (umfassen Einhufer, Dickhäuter und Wiederkäuer).

Die Insektenfresser sind hier höchstens insofern zu erwähnen, als zu manchen Präparationsprozessen statt metallner Nadeln Igelstacheln benutzt werden. Gänzlich bedeutungslos sind in der heutigen Medizin die von dieser in alten Zeiten vielfach verwandten Fledermäuse.

Auch die Raubtiere fanden früher in der Heilkunde ausgedehntere Verwertung als in der Jetztzeit. Noch heute benutzt wird der Zibet (Zibethum, „Viverreum" der französischen Apotheker), und zwar als stimulierendes Mittel, gleichsinnig mit dem Moschus. Er stammt aus gewissen, mit den Geschlechtsorganen in Verbindung stehenden „Duftdrüsen" verschiedener Zibetkatzen (*Viverra*-Arten) wärmerer Länder. — Die Seehunde oder Robben stellen mit ihrem Speck einen Beitrag zu den gewöhnlicheren Transorten, die jedoch mehr als technische Öle Verwertung finden.

Die Hauptrolle spielen in der Tranfabrikation die Wale. Die aus ihnen gewonnenen Transorten werden im allgemeinen nur als technische Öle verwandt (nur unter Notumständen werden sie derart rektifiziert, daß sie in der Margarinefabrikation Verwendung

---

[1]) Abgesehen von den neuerdings als Catgut präparierten Sehnen langbeiniger Vogelarten (s. S. 76).

finden können). Eine Walart aber hat für uns größeres Interesse,
nämlich der Pottwal (*Physeter macrocephalus* Lac., Abb. 29), ein
Tintenfische jagender Zahnwal, der bis gegen 25 m lang werden
kann. Der Pottwal hat einen ziemlich plumpen Körper, an dem
besonders der mächtige Kopf auffällt; sein Unterkiefer ist lang
und schmal mit einer Reihe niedriger, weitstehender Zähne. Die
Augen sitzen weit nach unten verschoben, ziemlich nahe an den
Mundwinkeln. Über und vor ihnen wölbt sich ein mächtiger
Kopfabschnitt, der vorn fast senkrecht abgeschnitten endigt. Der
Schädel ist schwer und massiv gebaut und die nasale Schädel-
partie wie eine flache Schale weit vorgezogen; über der Nasen-

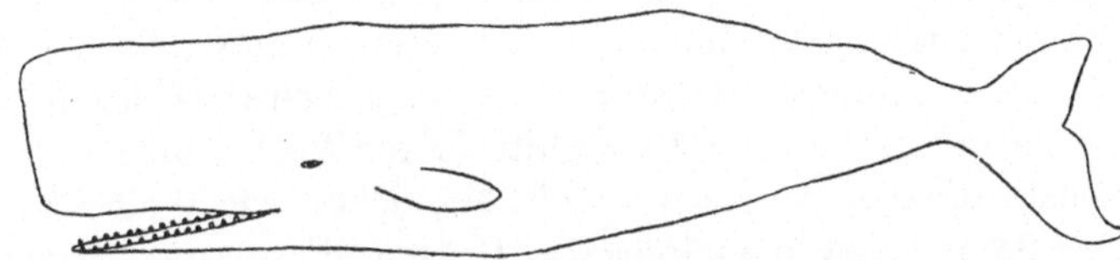

Abb. 29. Umrißzeichnung eines Pottwals (*Physeter macrocephalus* L.). Das Tier wird
gegen 25 m lang. Der Walrat findet sich in einem Behälter über der Nasenpartie vor den
Augen. Man kann aus einem Pottwal viele Fässer reinen Walrats schöpfen. Nach G. O. SARS.

partie befindet sich ein mächtiger, geschlossener Behälter, in dem
der Walrat angehäuft ist. Dieser stellt eine wasserklare Flüssigkeit dar, die an der Luft als eine weiße Masse erstarrt. Das gereinigte Fett stellt den Walrat (Cetaceum) der Pharmakopöe
dar. Dem Wal dient die große Ölansammlung über der Nasenpartie ersichtlich dazu, dem Gewicht des schweren Schädels im
Wasser entgegenzuwirken, das spezifische Gewicht des Tieres her-
abzusetzen und es zu dem vorzüglichen Schwimmer zu machen,
der der Pottwal in der Tat ist. Die Tiere leben, wie oben gesagt,
hauptsächlich von Tintenfischen. Bei manchen Individuen findet
man im Darmkanal ein Konkrement, dessen Bedeutung für das
Tier zur Zeit noch gänzlich unbekannt ist; das Konkrement besitzt
großen Handelswert und spielt in der Parfümerietechnik unter dem
Namen Amber (Ambra) eine vielseitige Rolle. In früheren Zeiten
wurde der Amber auch in der Medizin häufig benutzt als Reizmittel
und aphrodisierendes Mittel. Den Walrat verwendet man hauptsächlich zur Darstellung von Cold Cream (Unguentum leniens)
und feineren Salben. — Die Bartenwale hatten früher große Bedeutung für die Gewinnung des „Fischbeins", das aus den Barten

hergestellt wurde; jetzt werden die Barten in der Leimkocherei verwertet.

Unter den Nagern hat man vom medizinischen Standpunkt früher den Biber (*Castor fiber* L.) hoch geschätzt; auch heute noch findet man in manchen Apotheken das Bibergeil (*Castoreum*) vor. Gegenwärtig lebt der Biber nur noch an wenigen Stellen in Europa (in einem kleinen Bezirk an der mittleren Elbe, im Delta der Rhone in Frankreich[1]), in den Bezirken Minsk und Kiew am Dniepr, in Nordrußland, und in größerer Zahl an ein paar südnorwegischen Flüssen). Von brauner Farbe, erwachsen etwa einen Meter lang (den kurzen Schwanz eingerechnet), ist er ziemlich plump von Bau. Im Wasser erinnert er etwas an einen Fischotter; doch ist er durch seinen kurzen, breiten, flachen und mit ziemlich großen Schuppen bedeckten Schwanz leicht von diesem zu unterscheiden. In unmittelbarer Verbindung mit den Geschlechtsorganen besitzen sowohl Männchen wie Weibchen ein paar große, im ganzen sackförmige Drüsen, die ein höchst eigentümlich riechendes Sekret absondern. Diese Drüsen werden mit Inhalt herauspräpariert und kommen als „Bibergeil" auf den Markt. — Das Männchen der echten, kanadischen Bisamratte (*Fiber zibethicus* L.) besitzt ein paar Moschusdrüsen, die gleichfalls einen Anhang der Geschlechtsorgane bilden und dem Schwanz einen intensiven Moschusgeruch geben. Präparierte „Moschusrattenschwänze" werden daher mancherorts zur Parfümeriefabrikation benutzt.

Wirkliche Parasiten im zoologischen Sinne liefert uns die Reihe der Säugetiere nicht; wohl aber bezeichnet man im täglichen Leben oft genug gewisse Nager als Schmarotzer der Menschen, die Hausmaus und vor allem die Ratten, welch letztere in hygienischer Beziehung eine nicht gering einzuschätzende Rolle spielen. Zwei Rattenarten treten als stetige Gefährten des Menschen auf, die gewöhnliche braune Ratte, die Wanderratte (*Mus norvegicus* L.) und die seltenere dunkle Hausratte (die „Pestratte", *Mus rattus* L.). Die Ratten zeigen ein ungeheures Vermehrungsvermögen. Ihre unmittelbaren Schadwirkungen — Vernichtung unserer Vorräte, zu denen sie sich durch Durchnagen von Fußböden und Wänden von Kellern und Wirtschaftsgebäuden einen

---

[1] Hier möglicherweise jetzt gänzlich ausgerottet.

Weg bahnen — sind bekannt genug. Noch viel bedènklicher ist es aber, daß sie eine stetige Ansteckungsgefahr in bezug auf mehrere Krankheiten abgeben. Vieles spricht dafür, daß die Trichinen ursprünglich an die Ratten gebunden waren. Diese sind jedenfalls beständig mit Trichinen behaftet und lassen deshalb die Trichinengefahr nicht erlöschen. Auch verschiedene Bakterienkrankheiten scheinen durch die Ratten verbreitet zu werden. Bestimmt gilt das für die Pest. Wir haben schon früher (S. 58) die Aufmerksamkeit darauf gelenkt, daß die Rattenlager Herde der Beulenpest bilden. — Leider bietet der Kampf gegen die Ratten außerordentliche Schwierigkeiten, vielleicht wesentlich deshalb, weil diese Nager kluge Tiere sind, die eine überraschende Fähigkeit besitzen, Fallen und Gift zu entdecken, mit denen ihnen der Mensch zu Leibe rückt. Gerade deshalb ist es hier besonders nötig, alles zum Kampf aufzubieten, stellen doch die Ratten — vielleicht nächst den Fliegen — eine der größten Gefahren in hygienischer Beziehung dar. Ihnen muß überall und mit allen zu Gebote stehenden Mitteln nachgestellt werden.

Die Huftiere, besonders Pferde und Wiederkäuer, werden drogentechnisch mehr als irgendwelche andere Säugetiergruppe ausgenutzt und spielen auch, abgesehen davon, für die Medizin eine hochbedeutende Rolle mit Rücksicht auf die Serumtherapie. Diese beruht auf der Entdeckung, daß das Serum (die Blutflüssigkeit) bei Tieren, die gegen eine krankheitserregende Mikrobe immunisiert worden sind, unter gewissen Bedingungen eine heilende oder vorbeugende (prophylaktische) Wirkung gegenüber eben dieser Krankheit hat, wenn es in die Blutbahn eines anderen Tieres eingespritzt (injiziert) wird. Es kommt dabei einerseits darauf an, daß das gewonnene Serum stark wirksam ist, mit anderen Worten, daß das mit ihm behandelte Tier die Fähigkeit gewinnt, starken Ansteckungen gegenüber Widerstand zu leisten. Andrerseits darf das Serum des als Quelle benutzten Tieres keine schädlichen Wirkungen auf den menschlichen Organismus ausüben[1]). Der Diphtherie gegenüber hat sich z. B. das Pferd (*Equus caballus* L.) als ein ausgezeichneter Serumproduzent erwiesen, ebenso die Ziege (*Capra hircus* L.), die in solchen Fällen benutzt

---

[1]) Das Serum vieler Tiere wirkt bei Injektion auf den Menschen als Gift; z. B. würde die Einspritzung eines Löffels voll Katzenblut den Tod des damit Behandelten herbeiführen.

wird, in denen der Patient Pferdeserum aus irgendwelcher Ursache weniger gut verträgt. Man hat jetzt bereits eine große Reihe Sera hergestellt (Antipestserum, Antityphusserum, Anticholeraserum, Antistreptokokkenserum usw., auch zahlreiche Sera gegen Krankheiten der Haustiere); es würde aber hier zu weit führen, auf diese Präparate näher einzugehen. — Sehen wir von der Serumtherapie ab, so finden wir, daß es die Paarhufer sind, die die Hauptrolle in den Apotheken spielen, das Schwein und die eigentlichen Wiederkäuer. Das Schwein (*Sus scrofa* L.) ist bekanntlich kein Wiederkäuer, d. h. sein Magen erscheint nicht in solche funktionell getrennte Abschnitte wie der Wiederkäuermagen zerlegt. Um die Nieren herum und entlang der Innenseite der Bauchwände liegt eine dicke Fettschicht, der Flaum, der praktisch die ganze Bauchhöhle auskleidet; er wird geschmolzen und geläutert — unter dem Namen Schweineschmalz (Adeps suillus) — bei Zubereitung fetter Salben in den Apotheken verwendet. Das Schweineschmalz ist weiß, streichbar weich und gleichmäßig, in Ölen leicht löslich; es wird oft als Ersatz (Substitution) für andere Fettstoffe wie das Vaselin benutzt. — Das Hauptmerkmal der Wiederkäuer liegt in der eigentümlichen Zerlegung des Magens in getrennte, funktionell verschiedenartige Abteilungen. Das Futter (Grasarten und andere Pflanzen) wird zunächst in kugeligen Massen zusammengeballt und heruntergeschluckt. Die Ballen erweitern das Schlundrohr sehr stark und schlüpfen dabei, an dessen unterem Ende angelangt, durch einen seitlichen Spalt in den großen Vormagen, den Pansen (Rumen). Von hier gehen sie später in den Netzmagen (Reticulum) über, werden hier etwas aufgeweicht und darauf zu gelegener Zeit, nämlich dann, wenn das Tier „wiederkäuend“ daliegt, durch „Aufstoßen“ abermals in den Mund befördert. Jetzt werden die Futterteile feingekaut und mit Speichel gemischt in einen halbflüssigen Brei umgewandelt, die nun, am Seitenspalt des Pansens vorübergleitend, durch das Schlundrohr in den Blättermagen (Omasus) und weiter in den eigentlich verdauenden Labmagen (Abomasus) gelangen; die weitere Verdauung spielt sich dann in dem langen Darmkanal ab. Beschäftigen wir uns nun zunächst mit den wildlebenden Wiederkäuern, so müssen wir an erster Stelle einem Gebirgstier Zentralasiens, dem Moschustier (*Moschus moschiferus* L., Abb. 30) einige Worte widmen; es ist das ein kleiner, hirschähnlicher Säuger ohne Geweih, dafür aber

mit stark entwickelten Eckzähnen des Oberkiefers, die besonders
im männlichen Geschlecht an den Seiten des Unterkiefers nach
unten zu etwas hervorragen. Die männlichen Tiere besitzen eine
eigentümliche, mit den Geschlechtsorganen räumlich in Beziehung
stehende Drüse. Deren Sekret, der Moschus, sammelt sich in
einem Beutel unter dem Paarungsorgan an. Der Beutel mit seinem
körnigen Inhalt wird abgeschnitten und getrocknet. Früher
wurden alljährlich aus Asien wenigstens 20—30 000 solcher Stücke
„Rohmoschus" zur Gewinnung des
natürlichen Moschus ausgeführt. In
neuerer Zeit lernte man Moschus
auch auf chemischem Wege herzustellen, so daß die Moschusindustrie
im zoologischen Sinne an Bedeutung
abnimmt. Moschus ist ein Reizmittel, das auch in der Parfümeriefabrikation Verwendung findet. —
Auch andere Hirschtiere lieferten
den Apothekenlaboratorien vorüber-
gegangener Menschenalter einige
Präparate; in der Jetztzeit aber
fehlen diese in den Regalen der
europäischen Apotheken. Anders

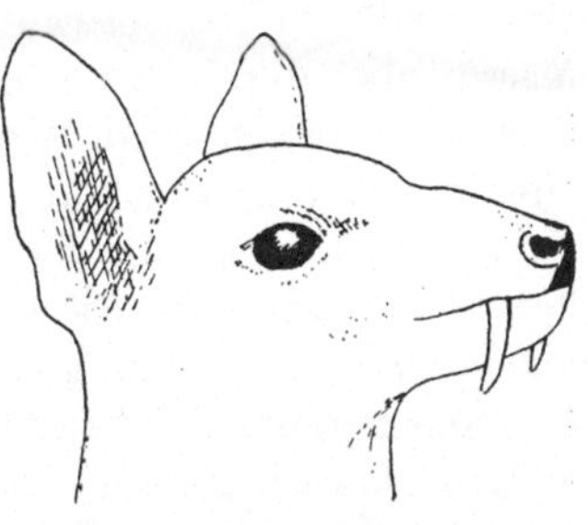

Abb. 30. Der Kopf eines männlichen
Moschustieres (*Moschus moschife-*
rus L.). Das hirschähnliche Tier trägt
kein Geweih; dafür sind die Eckzähne
des Oberkiefers stark entwickelt, so
daß sie an den Seiten des Unterkiefers
nach unten zu hervorragen. Nach
BEAUREGARD (etwas verändert).

in der chinesischen Apotheke, in der in Salzwasser gekochte
und nachher pulverisierte Bastgeweihe des Maralhirsches und
anderer zentralasiatischer Hirscharten ein als angebliches Reizmittel so hochbezahlter Gegenstand sind, daß zu seiner bequemen
Gewinnung im Altaigebiet und Ssajan in neuerer Zeit sogar
Maralfarmen angelegt worden sind.

Eine wichtigere Rolle in medizinischer Hinsicht spielen in
der Gegenwart die zahmen (domestizierten) Wiederkäuer. Sie gehören sämtlich zu der Gruppe von Wiederkäuern, die hohle Hörner
besitzen, die nicht gewechselt werden (die hirschähnlichen Tiere
haben, soweit es sich nicht um solche handelt, bei denen die Eckzähne des Oberkiefers so wie beim Moschustiere stark entwickelt
sind, solide Geweihe, die normalerweise jedes Jahr gewechselt
werden). — Es sind besonders die Schafe und Rinder, die pharma-
zeutische Bedeutung haben. Vom Schaf (*Ovis aries* L.) gewinnt
man das Wollfett, das im gereinigten, wasserfreien Zustand das

Lanolin (Adeps Lanae anhydricus) der Apotheken darstellt, eine hellgelbe, salbenartige, schwach riechende Masse, die in Wasser unlöslich ist. Der Labmagen des Schafes liefert das medizinisch verwertete Pepsin (Pepsinum), ein Enzym, das, meist mit Zucker oder Milchzucker gemischt, als ein fast weißes, feines Pulver verkauft wird. (Käselab wird dagegen meist aus Labmagen von Kälbern hergestellt.) Schließlich müssen wir auch den Hammeltalg (Sebum ovile) des Arzneibuches erwähnen, eine weiße, feste, etwas widerlich oder brenzlich riechende Masse, die durch Ausschmelzen des fetthaltigen Gewebes der Schafe gewonnen wird. — Zuletzt gelangen wir bei der Besprechung medizinisch bedeutsamer Säuger zum Rind (*Bos taurus* L.). Unter den Drogen, die die Apotheken von diesem Tier erhalten, haben wir zunächst die Ochsengalle (Fel Tauri depuratum) zu nennen, ein gelbliches Pulver, das zu Abmagerungszwecken verabreicht wurde; jetzt ist das Medikament wohl fast außer Gebrauch gekommen. Dagegen spielen Pankreatin und Pepton eine größere Rolle; Pankreatin wird aus der Bauchspeicheldrüse (Pankreas), Pepton aus Fleisch unter Einwirkung von Pepsin oder Pankreatin hergestellt. Erwähnen müssen wir auch Milchzucker (Saccharum Lactis) und Milchsäure (Acidum lacticum), deren Rohstoff für die fabrikmäßige Darstellung die Kuhmilch liefert. Aus Kuhmilch gewinnt man weiterhin das Casein. Für verschiedene Zwecke benutzt man sodann Tierkohle (Carbo animalis), von Fett befreites Kalbfleisch, das mit etwa dem dritten Teile Kalbsknochen in einem Tiegel gebrannt wurde. — Schließlich müssen wir noch eines Präparats gedenken, das in der Medizin, besonders für die bakteriologische Technik, große Bedeutung hat, die tierische Gelatine. Man gewinnt sie aus Tierknochen, aus den Hautgeweben und ihren Derivaten (Horn, Fibern), aus Sehnen usw.; ursprünglich bildeten die Knochen die Hauptgrundlage der Industrie. Die Gelatine wird nicht von einer einzelnen Tierart geliefert; jedoch darf man wohl sagen, daß die domestizierten Wiederkäuer, und unter ihnen wiederum die Rinder, die größte Rolle als Gelatinequelle spielen.

Kurze Charakteristik der animalischen Drogen
(ausschließlich der organotherapeutischen Präparate).

Adeps Lanae anhydricus — Wollfett.

Das wasserfreie, gereinigte Fett der Schafwolle. Es ist salbenartig, hellgelb und von angenehmem, schwachem Geruch; Schmelzpunkt 40° C. Löst sich in Äther, Petroleumbenzin, Chloroform und siedendem absoluten Alkohol, wenig löslich in gewöhnlichem Alkohol, unlöslich in Wasser; mit dem letzteren jedoch mischbar, ohne die salbenartige Natur einzubüßen. Verbrennt mit stark rußender und leuchtender Flamme; Rückstand höchstens 1 Prozent. Besteht aus Fettsäureestern von Cholesterin und Isocholesterin.

Adeps suillus (= Axungia porci) — Schweineschmalz.

Eine gleichmäßige, streichbar weiche und weiße Masse, die aus dem Flaum (Netz und Nierenfett) des Schweins ausgeschmolzen wird. Riecht schwach, doch nicht ranzig. Schmelzpunkt 36 bis 46° C. Leicht löslich in Äther, Chloroform, Schwefelkohlenstoff, nur wenig in Alkohol, unlöslich in Wasser. Besteht wesentlich aus Palmitin-, Stearin- und Ölsäure als Glycerinester.

Ambra grisea — Grauer Amber.

Darmkonkremente des Pottwals. Auf Wasser schwimmende, undurchsichtig schwärzlichgraue Stücke mit weißlichen Streifen und Flecken, die beim Zerschneiden wachsartig sind. Schmilzt beim Erhitzen, verbrennt fast völlig, mit Flamme. Ohne Geschmack, aber mit benzoeartigem, angenehmem Geruch. Löslich in Äther, Ölen, siedendem Alkohol, weniger in kaltem Alkohol, unlöslich in Wasser. Enthält angeblich Benzoe- und Bernsteinsäure neben einem cholesterinartigen Körper.

Axungia porci, siehe Adeps suillus.

Cantharides — Spanische Fliegen.

Bei höchstens 40° C getrocknete, möglichst unbeschädigte *Lytta vesicatoria*. Gehalt an Cantharidin wenigstens 0,8%. Hinterläßt beim Verbrennen höchstens 8% Rückstand.

Cantharidin — Cantharidin.

Aus der vorhergehenden Droge mittels Chloroform extrahiert. Farblose und geruchlose, glänzende, schuppenähnliche Kryställchen, die bei 210—211° C schmelzen. Leicht löslich in Ölen, schwieriger in Chloroform, Äther, Alkohol und Schwefelkohlenstoff, fast unlöslich in Wasser. Chemische Formel siehe S. 46.

Carbo animalis — Tierkohle.

Aus 3 Teilen fettfreiem, zerstücktem Kalbsfleisch und 1 Teil kleinen Kalbsknochen durch Brennen in einem Tiegel hergestellt. Ein braunschwarzes Pulver, das bei Rotglühhitze ohne Flamme glüht. In Salzsäure teilweise löslich.

Carbo ossium.

Kohle aus Knochen größerer Tiere durch Glühen oder Erhitzung dargestellt.

Carbo animalis e sanguine.

Aus frischem Blut, mit gereinigter Pottasche gemischt, in einem eisernen Kessel zur Trockenheit eingedampft und in einem Tiegel geglüht.

Castoreum — Bibergeil.

Anhangsdrüsen (mit Inhalt) der Geschlechtsorgane des Bibers, getrocknet. Die rundlichen bis länglich birnförmigen, außen unebenen und zu zweien miteinander verbundenen, dunkelbraunen Körper enthalten eine heller oder dunkler braune bis gelbbraune, fettartige Masse von einem aromatischen und zugleich erregenden Geruch. Enthält ein ätherisches Öl, Harz, Fett und Cholesterin.

Catgut.

Unter diesem Namen bergen sich verschiedene tierische Produkte: 1. Die aus dem Darm des Schafes hergestellten, chirurgisch verwendeten Nähfäden. 2. Neuerdings auch die Beinsehnen der Reiher und Kraniche zum selben Gebrauch präpariert und 3. in glashelle Fäden ausgezogene, herauspräparierte Spinndrüsen (Serikterien) der Seidenspinnerraupe; der trockene Faden ist sehr brüchig, in Wasser aufgeweicht dagegen sehr biegsam und bruchfest.

Cera alba — Weißes Wachs.

An der Sonne gebleichtes Bienenwachs von weißer oder gelblichweißer Farbe. Spezifisches Gewicht 0,968—0,973, Schmelzpunkt 64—65° C.

Cera flava — Gelbes Wachs.

Das aus den Waben der Honigbienen durch Ausschmelzen gewonnene Wachs. Die meist schwach nach Honig riechenden Stücke sind gelb bis graugelb und körnig brechend. Spezifisches Gewicht 0,960—0,970, Schmelzpunkt 63,5—64,5° C. Löslich in Äther und Chloroform bei schwacher Erwärmung, unlöslich in Wasser. Besteht hauptsächlich aus freier Cerotinsäure (Cerin, $C_{26}H_{52}O_2$) und Palmitinsäure-Melissylester (Myricin).

Chinesisches Wachs (Pelawachs).

Ist ein Schildlausprodukt (vgl. S. 60). Aus Japan wird auch Wachs einer Leuchtzirpe exportiert (vgl. S. 60), das jedoch nicht mit der ge-

wöhnlichen „Cera japonica“ verwechselt werden darf, welche letztere
ein Pflanzenfett darstellt.

Cetaceum — Walrat.

Die gereinigte wachsartige Masse in dem Hohlraum über der
nasalen Schädelpartie des Pottwals. Weiße und glänzende, fettig
anzufühlende Stücke, die im Bruch großblättrig-krystallinisch
sind. Geschmack mild und fade. Schmilzt bei 45—54° C zu einer
klaren, farblosen Flüssigkeit, die schwach, doch nicht ranzig riecht.
Löslich in Äther, Chloroform und siedendem Alkohol, nicht in
Wasser. Besteht wesentlich aus Palmitinsäure-Cetylester.

Coccionella — Cochenille.

Auf heißen Platten oder in Wasserdampf getötete und getrocknete
weibliche Cochenilleläuse. Sie stellen 3—5 mm lange, eiförmige,
dunkelpurpurne oder purpurgraue Körnchen mit weißem Anflug dar; die
Unterseite ist flach bis konkav, die Oberseite konvex mit Querrunzeln.
Geruchlos; Geschmack schwach bitterlich. Lassen sich leicht zu einem
dunkelroten Pulver zerreiben, das seinen Farbstoff (Carminsäure) an Wasser
und Alkohol abgibt (siehe auch S. 60).

Fel Tauri depuratum siccum — Trockene gereinigte Ochsengalle.

Mittels Alkohol und Tierkohle gereinigte, eingetrocknete Ochsengalle.
Ein gelblichweißes Pulver, in Wasser und Alkohol löslich.

Fel Tauri inspissatum — Eingedickte Ochsengalle.

Zu einem dicken Extrakte eingedampfte frische Ochsengalle, eine
bräunlichgrüne Flüssigkeit, die in Wasser gelöst eine klar grünliche Flüssigkeit darstellt.

Liquor seriparius — Labessenz.

Eine aus der inneren Schleimhaut des Labmagens saugender Kälber
mittels Weißwein und Kochsalz gewonnene klare, gelbliche, schwach saure
Flüssigkeit.

Mel — Honig.

Das von den Bienen erzeugte, süße Umwandlungsprodukt des
Nektars der Blumen, das in den Waben abgelagert wird. Frisch
gewonnen stellt er einen hellgelben bis bräunlichen durchscheinen-
den Sirup dar, der jedoch wegen Auskrystallisierung von Traubenzucker mehr oder weniger fest und krystallinisch, weißlich und
undurchsichtig wird; er hat einen eigentümlichen, angenehmen
Geruch und einen rein süßen Geschmack. In Wasser zu einer
schwach trüben Flüssigkeit löslich, ebenso in verdünntem Alkohol.
Rückstand beim Verbrennen 0,1 bis höchstens 0,8%. Besteht
hauptsächlich aus einer gesättigten Lösung von 65—80% Invert-
zucker (Frucht- und Traubenzucker).

Moschus — M o s c h u s.

Das eingetrocknete, stark riechende Sekret der drüsigen Behälter (Moschusbeutel) des männlichen M o s c h u s t i e r e s. Rohmoschus stellt runde bis eirunde, schwach plankonvexe Scheiben dar, die an der konvexen Seite behaart sind; der Inhalt ist krümelig bis weich, dunkelrot bis schwarzbraun. Rückstand beim Verbrennen höchstens 8%. Besteht neben dem Riechstoff aus Fett, Cholesterin, Albuminaten und verschiedenen Salzen.

Oleum jecoris Aselli — L e b e r t r a n.

Aus frischen Lebern vom D o r s c h (K a b e l j a u) im Dampfbad bei möglichst gelinder Wärme gewonnenes Öl; durch Abkühlen bis unter 0° werden die leicht erstarrenden Bestandteile entfernt. Lebertran stellt eine eigenartig riechende und schmeckende, blaßgelbe Flüssigkeit dar, die jedoch nicht ranzig schmecken darf. Der Geruch darf sich beim Erhitzen nicht ändern. Spezifisches Gewicht 0,924—0,932. Sehr reich an sogenannten a-Vitaminen (antirachitischen Vitaminen).

Os sepiae — W e i ß e s F i s c h b e i n.

Der Rückenschulp der S e p i e (eines Tintenfisches). Die Schalen sind beiderseits gewölbt, leicht und von feinen, geschichteten Kalklamellen aufgebaut; Länge 10—25 cm, Breite 5—7 cm und Dicke 1—2 cm. Löst sich unter Aufbrausen in verdünnter Salzsäure zu einer farblosen Flüssigkeit unter Hinterlassung eines organischen, häutigen Rückstandes. Leicht pulverisierbar; bildet ein sandiges Pulver von mikroskopischen, scharfkantigen Stückchen. Besteht hauptsächlich aus kohlensaurem Kalk.

Pepsinum — P e p s i n.

Das — meist mit Zucker gemischte — Enzym wird aus der Schleimhaut des Magens von S c h a f e n, S c h w e i n e n und K ä l b e r n gewonnen und stellt ein feines, fast weißes Pulver dar, das wenig hygroskopisch ist. Geschmack brotartig, anfangs süßlich, nachher etwas bitter. Löslich in Wasser, besonders bei Anwesenheit von Mineralsäuren.

Saccharum lactis — M i l c h z u c k e r.

Aus Kuhmilch gewonnen. Stellt ein geruchloses, weißes Pulver oder weiße, krystallinische Stücke in Trauben oder Platten dar. Die wäßrige Lösung dreht den polarisierten Lichtstrahl nach rechts. Löslich in 7 Teilen Wasser bei 15°C, in 1 Teil siedendem Wasser. Geschmack schwach süß. Hinterläßt beim Verbrennen höchstens 0,25% Rückstand.

Sanguis bovinus inspissatus — E i n g e d i c k t e s R i n d s b l u t.

Im Dampfbade eingedicktes R i n d s b l u t, das demnach völlig eingetrocknet und zu Pulver zerrieben worden ist. Ein rotbraunes Pulver, das sich in Wasser leicht löst.

Sebum ovile — Hammeltalg.

Das durch Ausschmelzen fetthaltiger Zellgewebe des Schafes gewonnene Fett stellt eine weiße, feste Masse dar und riecht eigentümlich, doch nicht widerlich, brenzlich oder ranzig. Schmelzpunkt 45—50° C. Eine Mischung von Triglyzeriden verschiedener Fettsäuren.

Spongiae — Schwämme.
Gereinigte Sponginskelette von marinen Hornschwämmen.

Über Drüsen mit innerer Sekretion und einige Präparate, die aus innersekretorischen Organen stammen.

In der Einleitung (S. 4) wurde bereits darauf hingewiesen, daß bestimmte epitheliale Zellgebilde — Drüsen — die Aufgabe haben, spezifische Stoffe auszuscheiden. Wir haben uns hier im besonderen mit den endokrinen Drüsen zu beschäftigen. Das Studium der inneren Sekretion, das am Schluß des vorigen Jahrhunderts seinen Anfang nahm und in den beiden letzten Jahrzehnten besonders emsig betrieben wurde, hat eine Fülle von Tatsachen an den Tag gefördert, die der Nichtfachmann nur schwer zu überblicken vermag.

Schon frühzeitig sind tierische Organe als Arzneimittel verwendet worden, noch ehe man etwas Näheres über ihre aktiven Bestandteile und deren Wirkungsmechanismus wußte. Die Lehre von der inneren Sekretion hat nun dieses Gebiet der Medizin, das man als Organotherapie bezeichnet, auf eine feste, wissenschaftliche Basis gestellt. Chemische, experimentell-physiologische und pathologische Forschungen lieferten wertvolle Beiträge zur Kenntnis der Inhaltsstoffe und der Wirkung der Organpräparate, die den Arzneischatz in ungeahnter Weise und mit unersetzbaren Stoffen bereichert haben. — Man stellt die endokrinen Drüsen in mehrere Systeme zusammen, von denen wir zunächst das thyreo-parathyreo-thymische besprechen wollen.

Die Schilddrüse (Glandula thyreoidea) besteht aus zwei an den Seitenflächen des Kehlkopfes gelegenen Seitenlappen, die die normale Größe einer Pflaume besitzen. Ihr Parenchym wird aus Follikeln (kugelförmigen Zellkomplexen) gebildet, welche mit Epithel ausgekleidet sind und das Schilddrüsenkolloid enthalten. Die Schilddrüse ist ein Organ von lebenswichtiger Bedeutung. Ihre Funktion greift regulierend in die Zusammensetzung des Blutes und dadurch direkt in die chemischen Vorgänge aller Organe, speziell auch die des Nervensystems, ein. Als wirksame Substanzen sind von verschiedenen Forschern J o d o - t h y r i n, J o d t h y r e o g l o b u l i n und neuerdings T h y r o x in der

Formel

$$\text{(Formel Thyroxin)}\qquad \begin{array}{c} \text{HJ} \\ \text{C} \\ \text{HJC}\diagup\quad\diagdown\text{C}\!\!=\!\!=\!\!=\!\!\text{C}\!-\!\text{CH}_2\dot{\text{C}}\text{H}_2\text{COOH} \\ \text{HJC}\diagdown\quad\diagup\text{C}\qquad\diagup\text{COH} \\ \text{C}\!=\!\text{C}\quad\text{N} \\ \text{H} \end{array}$$

isoliert worden, welch

letzteres auch synthetisch hergestellt wurde. Von besonderer Bedeutung ist, daß die Schilddrüse Jod enthält.

Die gestörte Funktion der Schilddrüse hat z. T. schwere Erkrankungen zur Folge. Wird das Organ bei Kropfigen vollständig entfernt, so treten Stoffwechselstörungen auf, die unter Abmagerung schließlich tödlich verlaufen (Kachexia thyreopriva oder strumipriva). Bei jungen Individuen ist ferner Stillstand des Längenwachstums zu beobachten. Daneben findet man psychische Minderentwicklung, die sich durch Trägheit, Teilnahmslosigkeit, langsame Beantwortung von Fragen äußert. Charakteristisch sind ferner die auftretenden Veränderungen der Haut, eine eigenartige Schwellung — M y x ö d e m.

Mit diesem nicht zu verwechseln ist das k o n g e n i t a l e M y x - ö d e m, das auf einem vollständigen Mangel der Schilddrüse infolge von Entwicklungshemmung beruht. Die Fälle zeigen deutlichen Zwergwuchs, schwere Idiotie neben den Erscheinungen des Myxödems. Auch der sogenannte endemische Kretinismus ist auf einen Ausfall der Schilddrüsenfunktion zurückzuführen. Eine in vielen Gegenden von Deutschland, Österreich, der Schweiz und den Vereinigten Staaten auftretende Schwellung der Schilddrüse, die unter der Bezeichnung S t r u m a oder K r o p f bekannt ist, wird allgemein einem Jodmangel in der Nahrung zugeschrieben, der die Schilddrüse zur Vergrößerung ihres Volumens veranlaßt. Diesen A t h y r e o s e n oder H y p o t h y r e o s e n steht die H y p e r t h y - r e o s e gegenüber, die als B a s e d o w s c h e K r a n k h e i t bezeichnet wird. Eine Heilung oder Besserung derselben ist wohl nur durch Operation zu erzielen. Die seinerzeit empfohlene Zufuhr von Antistoffen hat sich als unwirksam erwiesen.

Die Ausfallserscheinungen nach operativer Entfernung der Schilddrüse lassen sich durch Einverleibung von Schilddrüsenstoffen erfolgreich bekämpfen, und zwar leisten nicht nur Injektionen von Extrakten, sondern auch Darreichung von getrockneter Schilddrüsensubstanz gute Dienste. Andauernde Medikation kann beim Menschen den Ausfall der Schilddrüse jahrelang ersetzen. Von Schilddrüsenpräparaten ist eine größere Anzahl im Handel. An dieser Stelle wären zu erwähnen: Jodothyrin, Thyraden, Thyreoidea glandula sicc. pulv., Thyreoidin, alle in Tablettenform. Thyreoglandol in Form von Ampullen und Dragees.

Die Neben- oder Beischilddrüsen (Glandulae parathyreoideae), auch Epithelkörperchen genannt, stellen den zweiten Teil des thyreo-parathyreo-thymischen Systems dar. Es sind das vier bohnengroße, dunkelrote Gebilde, die dicht neben der Schilddrüse an der Hinterfläche derselben liegen. Werden die Nebenschilddrüsen bei einer Operation der Schilddrüse entfernt, wie es früher öfters geschah, so stellen sich schon nach wenigen Tagen allgemeine Krampfanfälle — Tetania parathyreopriva — ein, unter denen der Tod erfolgen kann. Die Organtherapie, welche sich beim Ausfall der Schilddrüse so wirksam erweist, zeitigte bei Epithelkörperchenmangel bisher keine so günstigen Resultate. Indes haben in Fällen von Tetanie Epithelkörperchentransplantationen gute Dienste geleistet. Deutlich 'hervortretend sind die Beziehungen der Nebenschilddrüse zum Kalkstoffwechsel. Bei parathyreopriven Tieren sind Veränderungen an den Zähnen und im Knochenwachstum festgestellt worden. Ähnliche Beobachtungen hat man bei Knochenerweichung (Osteomalacie), einer nur bei Frauen vorkommenden Krankheit, gemacht. Auch die günstige Beeinflussung der bei Epithelkörperchenausfall auftretenden nervösen Übererregbarkeit durch Kalksalze spricht für die Richtigkeit der Annahme solcher Beziehungen. Medizinische Verwendung finden: Paraglandol in Ampullen und Dragees und Parathyreoidintabletten.

Als drittes Organ des genannten Systems haben wir die Thymus, Briesel (Glandula thymus) zu besprechen. Ihr Sitz ist im Mittelfellraum hinter dem Brustbein. Die physiologische Wirkung des Thymussekrets ist noch nicht genügend bekannt. Immerhin ist man berechtigt anzunehmen, daß es sich auch bei der Thymus um eine Drüse mit innerer Sekretion handelt. Von Thymuspräparaten sind Glandula thymus sicc. pulv., (Tabletten) und Thymoglandol (Ampullen und Dragees) zu erwähnen.

Das Nebennierensystem umfaßt das Adrenal- und das Interrenalsystem, die sich sowohl bezüglich ihres anatomischen Baues als auch in ihrem Verhalten gegenüber Chromsalzen voneinander unterscheiden. Ersteres besteht aus der Marksubstanz und den Paraganglien, während letzteres von der Rindensubstanz gebildet wird. Die Nebennieren (Glandulae suprarenales) als ganzes Organ sind lebenswichtig, weshalb ihre Entfernung rasch den Tod herbeiführt. Nur eine gelungene Transplantation von Nebennieren vermag das Leben zu erhalten. Die Darreichung von Organextrakten erweist sich als erfolglos. Beim Menschen tritt nach Zerstörung der Nebennieren ein tödliches Leiden auf, das nach seinem Entdecker Addisonsche Krankheit genannt wird. Sie äußert sich durch zunehmenden Kräfteverfall, Störungen der Verdauung und des Nervensystems, sowie durch charakteristische bräunliche Verfärbung der Haut.

Bereits frühzeitig konnte man feststellen, daß das Gewebe der Nebennieren und das ihnen entströmende Blut mit Eisenchlorid eine eigenartige Grünfärbung gab. Später fand man, daß Nebennierenextrakt, intravenös dargereicht, blutdrucksteigernde Wirkung entfaltet. Das physiologisch wirksame Sekret, das überall im Blute nachgewiesen werden kann, wurde zunächst krystallinisch gewonnen und später synthetisch dargestellt. Es ist dies das Adrenalin der Formel:

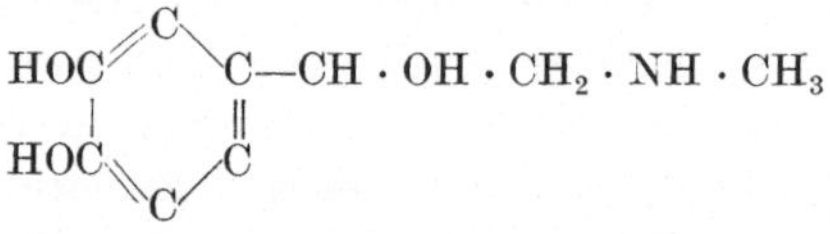

$$\text{HOC} \diagup^{\text{C}} \diagdown \text{C—CH} \cdot \text{OH} \cdot \text{CH}_2 \cdot \text{NH} \cdot \text{CH}_3$$
$$\text{HOC} \diagdown_{\text{C}} \diagup \text{C}$$

Dank seiner ausgesprochenen therapeutischen Wirkung findet Adrenalin ausgedehnte medizinische Verwendung. Es wirkt gefäßverengernd, blutdruckerhöhend, pupillenerweiternd und erschlaffend auf Magen-, Darm- und Bronchialmuskulatur. Endlich ist Adrenalin in Form von intravenösen Injektionen ein mächtiges stimulierendes Mittel bei Herzkollaps und niedrigem Blutdruck nach Operationen und Infektionskrankheiten. Als Nebennierenpräparate kommen Adrenalin, Suprarenin. hydrochloric., l-Suprarenin. synthetic., Epirenan, Paranephrin (10proz. Lösungen) in Betracht. (Das meiste Adrenalin wird jetzt synthetisch dargestellt.)

Die Hypophyse (Hirnanhang, Hypophysis cerebri, Glandula pituitaria) ist ein an der Hirnbasis gelegenes Organ, dessen physiologische Bedeutung und Sekrete bis vor etwa 15 Jahren fast unbekannt waren. Sie setzt sich aus einem Vorderlappen (Prähypophyse) und einem Hinterlappen (Neurohypophyse) zusammen. Beim Menschen wurde eine Reihe von Erkrankungen beobachtet, die als Störungen der Hypophysenfunktion aufzufassen sind. Die Akromegalie, bei der Füße, Hände, Nase, Lippen und Zunge groß, plump und unförmlich werden, wird durch eine Funktionsstörung des Vorderlappens bedingt. Der Riesenwuchs (Gigantismus) ist vielleicht ein Vorstadium der Akromegalie. Die beiden Leiden sind durch fließende Übergänge miteinander verbunden. Auf der anderen Seite führt eine verminderte Tätigkeit des Vorderlappens zu verschiedenen Formen von Zwergwuchs. Auf ähnlichen Ursachen dürfte auch die hypophysäre Fettsucht (Dystrophia adiposo-genitalis) zurückzuführen sein.

Hypophysenextrakt ruft bei intravenöser Applikation eine Steigerung des arteriellen Blutdrucks hervor. Die Wirkung unterscheidet sich von derjenigen des Adrenalins sowohl durch die geringere Intensität als auch durch ihre Entstehung. Während das Adrenalin auf die peripheren Nervenendigungen wirkt, und zwar genau wie eine Reizung der Sympathicusendigungen, und deshalb eine Tonuserhöhung oder -erschlaffung bewirkt, je nachdem der Nervus sympathicus des betreffenden Organs ein motorischer oder hemmender Nerv ist, so erhöht das Hypophysensekret immer den Tonus, wahrscheinlich weil es direkt, und zwar erregend, auf die glatte Muskulatur wirkt. Seiner spezifischen Wirkung auf die Gebärmutter verdankt das Hypophysenextrakt seine Verwendung in der Geburtshilfe und in der Gynäkologie. Auch ist zu erwähnen, daß Hypophysenpräparate auf das Konzentrationsvermögen der Nieren fördernd wirken und eine Herabsetzung der pathologischen Diurese bei Diabetes insipidus herbeiführen.

Über die chemischen Eigenschaften der wirksamen Bestandteile der Hypophyse sind wir noch nicht genau orientiert.

In der Medizin finden Extrakte aus dem Hinterlappen oder Infundibularteil sowie aus der gesamten Hypophyse bei Wehenschwäche und Blutungen unter der Geburt, Herzkollaps, hypophysärer Fettsucht, Diabetes insipidus und Wachstumsstörungen Verwendung. Als Präparate des gesamten Organs kommen Pituitrin, Pituglandol, Hypophysin und Coluitrin in Betracht. Aus dem Hypophysenvorderlappen wird das Anteglandol hergestellt.

Die Zirbeldrüse (Epiphyse, Glandula pinealis) ist ein kleines, zapfenförmiges Organ an der Dorsalseite des Hirnstammes. Ihr Sekret scheint einen Einfluß auf die körperliche und geistige Entwicklung des Individuums und den Ernährungszustand des Körpers auszuüben. Zirbeldrüsenextrakt ist in letzter Zeit in der Psychiatrie bei gewissen Erscheinungen, die verschiedene Geisteskrankheiten begleiten, mit Erfolg gegeben worden. Ein Zirbeldrüsenextrakt ist unter der Bezeichnung Epiglandol (Ampullen und Dragees) im Handel.

Die Bauchspeicheldrüse (Pankreas) hat sowohl eine äußere als auch innere Sekretion. Der in den Darm abgeschiedene Pankreassaft dient dazu, die Nahrungsstoffe abzubauen und sie zur Resorption vorzubereiten. Das in die Blutbahn gelangende Sekret ermöglicht es dem Organismus, sich die Kohlehydrate nutzbar zu machen. Es hat sich herausgestellt, daß die in das Drüsengewebe eingestreuten, aus andersartigen Zellen bestehenden Langerhansschen Inseln als Produktionsstätte des Pankreashormons in Frage kommen. Anatomische Untersuchungen haben gezeigt, daß bei Zuckerkranken diese Inseln degeneriert sind und einen großen Teil ihrer funktionstüchtigen Zellen eingebüßt haben. Das spezifische Hormon des Pankreas, dem man den Namen Insulin (von insula = Insel) gegeben hat, wurde vor kurzem aus den Bauchspeicheldrüsen verschiedener Tiere (Rinder, Kälber, Schweine) hergestellt. Später fand man, daß es ein sowohl im Tier- als auch im Pflanzenreich ziemlich verbreiteter Körper ist. Die Verdauungsflüssigkeiten, besonders das Trypsin, zerstören das Insulin sehr rasch, weshalb es nicht per os gegeben werden kann. Das Insulin ist aus diesem Grunde entweder intramuskulär oder subcutan zu injizieren. Es wird nur bei Diabetes mellitus benutzt und vermag eigentliche Heilung wahrscheinlich nicht, wenigstens nur in vereinzelten Fällen herbeizuführen. Neben den verschiedenen Insulinen werden ähnliche Präparate unter anderen Bezeichnungen z. B. Iloglandol, Diasulin usw. hergestellt.

Die Keimdrüsen, zu denen die Eierstöcke (Ovarium) und die Hoden (Testes) gerechnet werden, produzieren Hormone, die für die Entwicklung und die Funktion der Genitalapparate und für die Ausgestaltung der sogenannten sekundären Geschlechtsmerkmale unentbehrlich sind. Auch in anderer Beziehung sind sie für den Organismus sehr wichtig. Die Entfernung der Keimdrüsen (Kastration) ruft bei Männern neben einer Herabsetzung der Geschlechtsfunktion abnorme Vergrößerung der Brustdrüse hervor. Bei Frauen treten schwere Ausfallserscheinungen auf, die mit einer Rückbildung der Fortpflanzungsorgane Hand in Hand gehen. Auch Erscheinungen im Nervensystem bleiben nicht aus. Der Einfluß der Kastration auf den allgemeinen Stoffwechsel ist recht bemerkenswert. Auffällig ist der gesteigerte Fettansatz. Damit hängt zusammen, daß Tiere, die Mastzwecken dienen sollen, verschnitten werden. Die Ausfallserscheinungen, sowie Störungen, die sich auf eine Hypo- oder Hyperfunktion der Keimdrüsen zurückführen lassen, sind für organotherapeutische Maßnahmen zugänglich. Zu diesem Zweck gibt man verschiedene Mittel. Aus Ovarien: Ovarialtabletten, Ovaraden, Oophorin, alle in Tablettenform. Ovoglandol, Dragees und Ampullen. Aus dem Corpus luteum: Corpus-luteum-Extrakt, Luteoglandol. Aus Testes: Spermin, Testiglandol, Testogan.

Durch sämtliche Forschungen pharmazeutischer Richtung auf dem Gebiet der inneren Sekretion zieht sich ein leitender Gedanke: Sich von der Veränderlichkeit der Organpräparate frei zu machen und durch Isolierung wirksamer Bestandteile bestmögliche Konstanz zu schaffen. Dieses Bestreben hat bereits in der Nebennieren-, Hypophysen- und Pankreastherapie bedeutende Erfolge zu verzeichnen, insofern es gelungen ist, einerseits das wohlcharakterisierte Adrenalin und andererseits standardisierbare Extrakte (Pituglandol, Pituitrin sowie Insulin) zu gewinnen. Diese Errungenschaften werden auch für zukünftige Untersuchungen auf anderen Gebieten der inneren Sekretion richtunggebend sein.

Sachverzeichnis.

1. Zoologische Namen und Benennungen.

(Lateinische Art- und Gattungsnamen sind kursiv gedruckt.)

2. Drogen, chemische Präparate und Krankheiten.

(Tierische Drogen des deutschen Arzneibuches sind mit * bezeichnet.)